U0318535

献给我的女儿唐（Dawn）和外孙女布琳（Bryn）

就像最好的珍珠，
愿你们的精气神发自内心
并散发出柔美的光，
愿它们映射出的内在品质和美丽超越外表
并禁得住时间的考验

左上和右上图：不同形状和颜色的淡水珍珠。

左图：AKOYA养殖珍珠，展示了被称为"晕彩"的彩虹色。

有两颗罕见圆蛤类珍珠的古董胸针。

亨利·杜奈（Henry Dunay）的作品，澳大利亚南洋巴洛克养殖珍珠制作的兔子胸针。

左上图：阿斯普雷（Asprey）创作的瑰丽的南洋吉树珠项链（伦敦和纽约）。

右下图：拍卖中出现的爱德华南洋时期的华丽海螺珍珠项链［瑞士日内瓦（Geneva）安帝古伦精品拍卖行（Antiquorum Auctioneers）］。

天然鲍鱼珍珠。

一颗罕见的大蜗牛养出的天然美乐珠。

美国养殖鲍鱼珍珠。

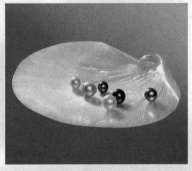

白色、黑色、金色的南洋养殖珍珠。

世界上最大的天然珍珠制成的半
人马主体。

珍珠的创新

马克·希尔弗斯坦（Mark
Silverstein）创作的"美味
的"巧克力。

马克·施耐德（Mark Schneider）用多面大溪地珍珠制成的获奖吊坠。

卡洛琳·泰勒（Carolyn Tyler）创作的惊人的戒指。

杰克·林奇（Jack Lynch）提供的中国淡水养殖的花瓣养殖珍珠，伊夫（Yvel）设计成惹人注目的胸针。

珍
珠
的
差
异

上图是不同形状、颜色、大小、光泽和成色的珍珠。注意小的、白色的、不规则的
巴洛克珍珠的好成色，并注意每一颗白色珍珠的颜色差异。当你比较珍珠时，请注
意，所有的都很可爱，最大的黑珍珠是非常显眼的，但形状不像最小的珍珠那么完
美，表面不是那么光滑，光泽也不是那么强。同时，注意黑珍珠晕彩的细微差别。
右边的黑珍珠有着淡淡的蓝色，黑色的巴洛克珍珠有着淡淡的粉色，最大的珍珠有
着淡淡的绿色。

注意光泽和成色的变化。小的、顶上的那串项链具有很好的光泽和成色；底部那串是典型的质量很差、薄珍珠层的珍珠，它们没有什么价值，也无法长久保存。

质量好的饱满的白色养殖珍珠有细微的颜色差异，从银白色到乳白色，你都可以在图中看到；注意圆度的差异。这些是典型的南洋珍珠，因为它们有较厚的珍珠层。这种珍珠被期望穿于项链上。

世界上的珍珠

——美国珍珠

各种各样的美国淡水养殖珍珠，包括棒状的、硬币状的、椭圆形的、柱状的和其他独特的形状。后文图片为珠宝创作

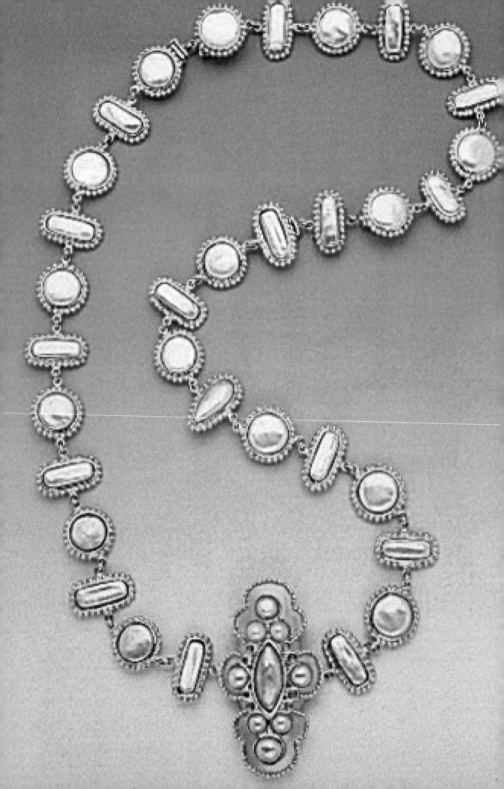

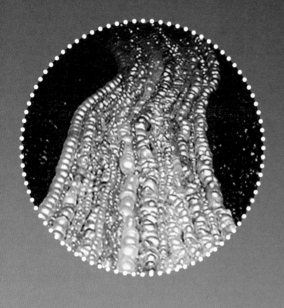

各种颜色和形状的中国淡水养殖
珍珠。

不同颜色的中国淡水养
殖珍珠做成的戒指。

世界上的珍珠
——日本珍珠

日本琵琶湖的淡水养殖珍珠。

优质 AKOYA 养殖珍珠项链。

世界上的珍珠
——斐济珍珠

斐济(Fiji)珍珠产品展示了很宽的颜色范围。
下图展现了独一无二的贝壳自身的颜色。

世界上的珍珠
——澳大利亚珍珠

特别优质的澳大利亚南洋养殖珍珠做成的银白色项链和戒指，戒指选用了圆珍珠，项链选用了大的、独特的巴洛克珍珠。

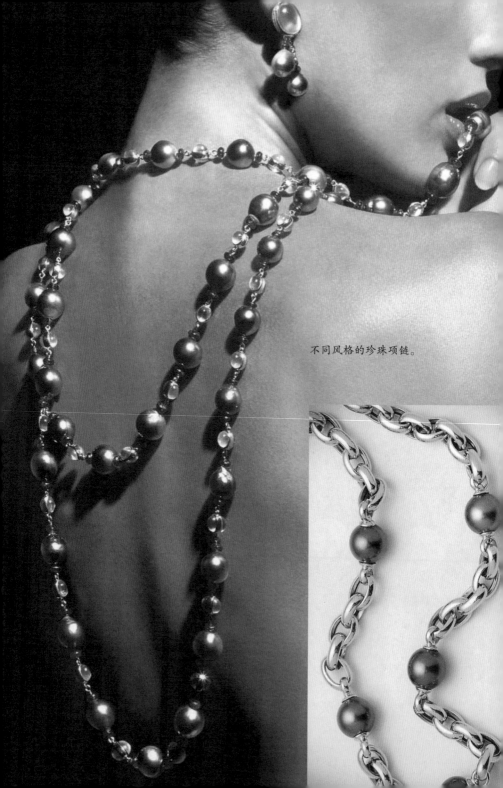

不同风格的珍珠项链。

世界上的珍珠
——大溪地珍珠

用美丽的大溪地天然黑色珍珠制
作的一串庄重的项链。

被雕刻的黑珍珠（也称"慈悲的珍珠"）露出中心的彩色宝石。

世界上的珍珠

——库克群岛珍珠和越南珍珠

圆形、水滴状或不规则形状的珍珠
让人震惊。

南洋养殖的黄金珍珠从浅香槟色到罕见的深金黄色，各不相同。

世界上的珍珠
——菲律宾珍珠

无论珠宝风格是休闲还是正式，珍珠都是宝格丽独特设计的应用元素之一。注意对比颜色和纹理、古代和现代的细节、闪耀度和柔和度。

伟大的珍珠商
——特里奥珍珠

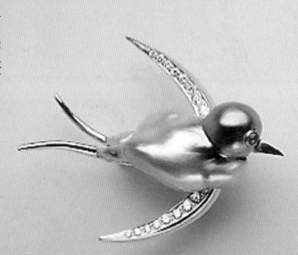

用巴洛克养殖珍珠制作的奇妙作品是充满想象力的、独特的，也是非常流行和适合佩戴的。

一只优雅的手镯由黄色蓝宝石、钻石和 AKOYA
珍珠制成。

用黄色蓝宝石、钻石和黑色养殖珍珠制作的饰品。

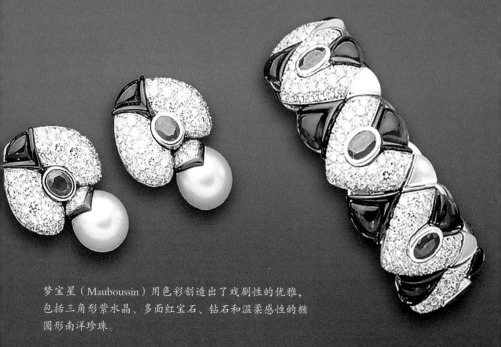

梦宝星（Mauboussin）用色彩创造出了戏剧性的优雅，包括三角形紫水晶、多面红宝石、钻石和温柔感性的椭圆形南洋珍珠。

伟大的珠宝商
——御木本（MIKIMOTO）珍珠

御木本创造的第一件养殖珍珠作品是这条爱德华
时期的项链，可以追溯到 20 世纪早期。今天，
御木本因它的现代化和经典而闻名。

伟大的珍珠商

——佛杜拉（Verdura）珍珠

这个精致的胸针将文艺复兴时期的感觉与俏皮、异想天开的风格相结合，用巴洛克养殖珍珠完美表达出来。

伟大的珍珠商
——温斯顿（Winston）珍珠

1978 年，天然黑色的大溪地养殖珍珠在温斯顿首次亮相，之后一直被世界各地的消费者追捧。

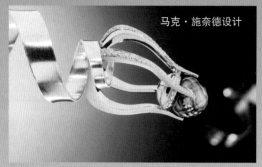

马克·施奈德设计

设计师的灵感来自各种各样的珍珠，不同种类、颜色和形状的珍珠设计赋予了珠宝全新的意义，让它们不再是祖母拥有的简单项链上的珍珠！

珠宝国际公司设计

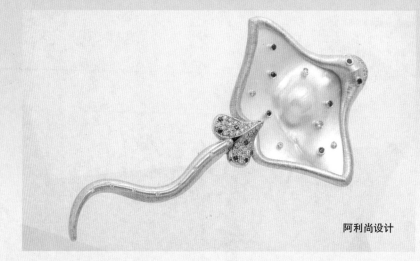

阿利尚设计

伊夫　　　　　　　　　　　K. 绍莫什

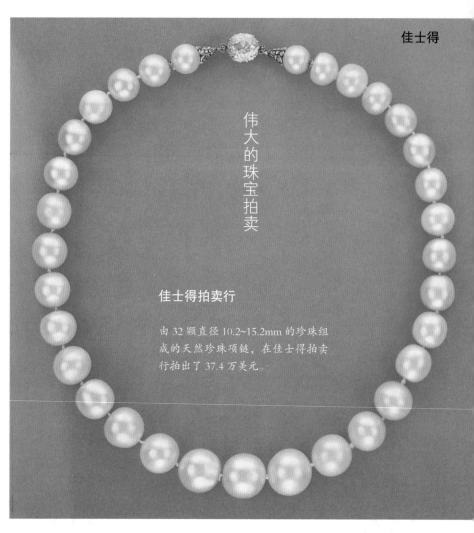

伟大的珠宝拍卖

佳士得拍卖行

由 32 颗直径 10.2~15.2mm 的珍珠组成的天然珍珠项链,在佳士得拍卖行拍出了 37.4 万美元。

左图:摄政王珍珠(La Régente),一颗重达 337 谷(84 克拉)的美丽的天然珍珠,曾嵌于法国皇冠上。它在佳士得拍卖行中价格暴涨,创造了单颗珍珠 85.9 万美元的纪录。

右图:萨拉珍珠(sara)是一颗灰色天然珍珠,售价 47.06 万美元(仅仅一颗珍珠)。

巴罗达双排珍珠项链，由 68 颗天然正圆珍珠穿成，珍珠大小介于 9.47~16.04mm，以超过 700 万美元的价格创造了新的世界纪录。

2007 年对佳士得来说是创造纪录的一年。

一条令人难以置信的天然珍珠项链（直径 5.7~11.78mm），卡地亚创作的最好的项链之一，带来了超过 100 万美元的收入——对这样尺寸的项链来说，这也是一个新的纪录。

创造尺寸（直径 16~20.1mm）纪录的澳大利亚南洋养殖珍珠项链，同时创造了苏富比珍珠的价格纪录——231 万美元。

苏富比拍卖行

由特恩和塔克西斯典藏的瑰丽的天然珍珠和钻石头饰（1853 年），在苏富比拍下约 65 万美元。

极其罕见的天然绿色南洋养殖珍珠项链，带着银灰色的伴色，在苏富比拍下 16 万美元。

目　录

致谢・1

前言・3

导言・7

第一部分　　珍珠：宝石之王

第 1 章　最古老的宝石和最珍贵的宝石 ・ 003

第 2 章　珍珠的传说故事・022

第二部分　　珍珠为何物

第 3 章　珍珠的形成・035

第 4 章　不同类型的珍珠：珍珠与气场・ 057

第三部分　品质铸就不同

第 5 章　品质：通往永恒之美的诀窍 · 097

第 6 章　珍珠光泽的人工增强技术 · 124

第四部分　挑选珍珠

第 7 章　如何挑选好珍珠 · 139

第 8 章　世界各地的珍珠 · 144

第 9 章　珍珠价格指南 · 164

第五部分　专家的建议

第 10 章　专家讲珍珠 · 181

第 11 章　大珠宝商关于好珍珠的看法 · 219

第 12 章　华丽的拍卖会：拍卖出珍藏级珍珠 · 244

第六部分　珍珠佩戴与保养

第 13 章　不同风格的珍珠佩戴 · 261

第 14 章　珍珠保养 · 276

第七部分　购买前和购买后的重要建议

第 15 章　购买珍珠时应该问什么问题 · 283

第 16 章　做好珍珠价值评估才能做好珍珠投保 · 290

第 17 章　获取实验室检测报告 · 294

附录

何处获取补充信息 · 309

推荐阅读 · 311

珍珠实用术语 · 316

图片出处 · 322

致谢 🌑

特别感谢我的父亲，安东尼奥·C.博南诺，英国宝石协会鉴定师、美国注册高级珠宝评估师和指导师。感谢您赋予我诚实、正直的品格，您对珠宝的热爱深深地感染着我，感谢您在我儿时给予我细心指导和无微不至的照顾，您在实验室中与我一起阅读乔治·费雷里克·孔兹的杰作《珍珠之书》，并将收藏一一展示给我欣赏。我知道，如果有可能，您一定会特别高兴与我一起完成本书，所以这本书特别献给您，以此表达我对您的爱意。

我深深地感谢吉娜·拉滕德雷斯（Gina Latendresse），约翰·拉滕德雷斯（John Latendresse），萨瓦尔多·阿萨埃尔（Salvador Assael），给予我鼓励和对本书的专业指导；

感谢德温·麦可诺（Devin Macnow）在过去几十年邀请我参加珍珠研讨会，让我更加清楚地了解到所需要的珍珠信息；感谢《珍珠世界》和养殖珍珠信息中心，帮助我收集到了世界范围内养殖珍珠的生产工艺和材料等信息；感谢南太平洋珍珠联盟组织，为我提供了最新的南洋珍珠发展和一系列图片；感谢琼·罗尔（Joan Rolls）帮助我取得了库克群岛珍珠的图片和信息；感谢安帝古伦拍卖行、科视和苏富比拍卖行提供的历史著名的图片或价值连城的珍珠图片；感谢电视媒体合伙人提供的新婚和时尚图片；感谢理查德·德鲁克（Richard Drucker）对珍珠价格的收集整理；感谢我采访过的专家学者、珠宝商和珠宝设计师，给予本书宝贵的建议和关于珍珠的经验之谈。

我要感谢卡伦·博南诺·德哈斯（Karen Bonanno DeHaas），凯瑟琳·L.博南诺（Kathryn L. Bonanno），肯尼思·E.博南诺（Kenneth E. Bonanno），他们都是优秀的珠宝家，也是我的兄弟姐妹。没有他们的支持与鼓励，我就无法完成本书。

我还要衷心感谢巴巴拉·布里格斯（Barbara Briggs）为本书在宝石出版社工作到深夜；感谢我的编辑桑德拉·科林查克（Sandra Korinchak），因为有了她珍珠般夺目的智慧和闪闪发光的建议，本书才更加精彩无比。

前言

在我的眼里，珍珠一直有着一种独特的魅力，特别是在本书第一版出版以后，这种魅力有增无减。目前市场上的珍珠种类越来越多，颜色也越来越漂亮，人们可以根据自身的消费能力和喜好进行更多的选择。

越来越多的国家在进行珍珠养殖，我们发现，由于母体及其水域不同，珍珠的大小、形状均有不同，特别是颜色差异更大。珍珠非常流行，大家心中最喜欢的是金色珍珠、彩色珍珠和巧克力色珍珠。对珍珠颜色来说，最令人兴奋的进展就是斐济珍珠的养殖。斐济大量生产颜色丰富、色泽绚烂的珍珠，这些珍珠大小平均在 10.5~11.5mm 之间，有一些更可达到 18mm（见第四部分第 8 章），这在其他地方是很难见到的。墨西哥大量养殖了一系列色彩奇异的圆形珍珠，这些珍珠产自一种"彩虹唇"的牡蛎珍珠贝。以前人们认为这种珍珠贝是养殖不出珍珠的。虽然圆形珍珠还不能广泛培育，但随着圆形珍珠生产数量和质量不断提高，圆形珍珠的广泛养殖指日可待。

泰国和越南也可以成功养殖圆形珍珠，而且印度尼西亚、马来西亚、韩国和泰国的养殖珍珠不断增加。菲律宾主要集中养殖肉色到深金色的珍珠，对产自法属波利尼西亚（French Polynesia）和库克群岛（Cook Islands）的天然黑珍珠的需求也持续增加。天然黑珍珠的养殖受益于严格的控制和后期处理减少，其质量比过去我们所见到的珍珠好得多。质量提高带来价格的优势，扭转了以前由于劣质和处理珍珠泛滥造成的价格低迷。

产自新西兰的鲍鱼珍珠和马贝珍珠，因其价格合理、颜色奇异，而受广大消费者喜欢，并受到了时尚圈的追捧。令人遗憾的是，加利福尼亚（California）的西北海岸却再也无法产出这样的珍珠。

中国还在不断培育种类繁多的淡水珍珠。这些淡水珍珠有的形状新颖，如花瓣状；有的尺寸更大，呈现的颜色更是占尽了调色板中的所有选择。但是也要注意，许多淡水珍珠的颜色都是后期处理得到的。在本书第一版的前言中，我就提到中国已经成为主要淡水珍珠养殖国家。从开始养殖 6mm 的近圆形无核白珍珠开始，今天中国可以养殖出直径达到 15mm 的圆形淡水珍珠。以前中国的养殖珍珠都是无核的，现在中国也成功养殖出了有核的淡水珍珠。这些小巧玲珑的珍珠，颜色从白色到肉色，泛着招人喜欢的粉色和淡紫色光晕，将成为巨大的养殖珍珠市场的一个重要部分。与养殖"珍珠皇后"——稀有的南洋珍珠相比，中国的淡水珍珠价格更加合理，更容易受消费者的青睐。中国现在也是非常重要的海水养殖珍珠的国家，其海水珍珠包含了 AKOYA 珍珠（一种经典的圆形白色日本珍珠）和南洋珍珠等种类。

在天然珍珠中也有令我们兴奋的发现，业内人士和收藏家都寄希望于巴林（Bahrain），希望巴林能够成为天然珍珠的可靠来源。虽然现在所产珍珠还比较小，但他们还是坚持不懈养殖和扩大牡蛎的数量来提升天然珍珠的产量，这种努力也初显成效。一些具有特殊尺寸和超级完美的珍珠已经开始出现在国际专业的拍卖行中，并标出了相当高的价格，创造了新的纪录。2006 年 9 月在佳士得瑞士日内瓦分行拍卖会上，一条三层珍珠项链标出了 300 多万美元的价格。历史上著名的巴罗达双排珍珠项链，是从印度巴罗达大公的一条七层天然珍珠项链中挑选出来68颗最大和最漂亮的珍珠串连而成的。这条七层珍珠项链曾被认为是最贵重的珠宝首饰之一。2007年4月，这条双排珍珠项链拍出了700多万美元的高价。

对于喜欢收藏稀有天然无核珍珠的人来说，海螺珍珠、鲍鱼珍珠和越南的美乐珍珠在拍卖会上已经达到了最高价格。美国罕见的天然珍珠，颜色从淡紫色到紫色，已经引起了各国的关注，其价格已经达到了四到五位数。

正如我们所知道的，还有不同类型的珍珠有待我们去发现。除了珍珠种类丰富外，新的改善技术也正在广泛地应用于珍珠领域。

如同所有精美的宝石珠宝一样，要想买到好的珍珠，您要有专业知识，知道产地，同时请按照本书所提供的信息及建议，自信十足地挑选心仪的珍珠，享受珍珠给您带来的美好吧。

导言

　　也许是珍珠自身所象征的精神品质，也许是珍珠带给人的平静、高贵、典雅，也许是每颗珍珠所赋予的每种心情，散发出天然去雕饰之美，常常令我沉迷其中，无法自拔。

　　无论何种原因，我都喜爱珍珠。有趣的是，我的丈夫同样喜爱珍珠，他很少去关注钻石和其他大多数珠宝。他送给我的最珍贵的礼物都是用珍珠做成的。我最爱的一枚钻戒便是他送给我的。这枚精致的钻戒由天然珍珠和钻石镶嵌而成。他给我戴在无名指上，紧贴着我的结婚戒指。我时时刻刻都戴着它。我不知道是什么吸引了他，他对珍珠的喜爱和看见我喜欢珍珠的那种喜悦，与我对珍珠的喜爱和佩戴珍珠时的喜悦简直一模一样。

对于喜欢珍珠的人来说，这真是个令人欢呼雀跃的时代。无论是在颜色上、形状上，还是在价格上，现在可以选择的珍珠类型、款式都是以往无法比拟的。您可以花不到 100 美元买到养殖珍珠，但是养殖珍珠的价格也可以超过 100 万美元。养殖珍珠时代已到来，更多前所未见的珍珠品种百花齐放，新的品种层出不穷。珍珠完全可以比得上最好的钻石、红蓝宝和祖母绿，在珠宝玉石中算是佼佼者。

这是珍珠最好的时代，也是它最不好的时代。很重要的原因之一就是市场销售的劣质珍珠当时看起来漂亮，但是在很短的时间内就会失去它的美丽。不幸的是，一些养殖珍珠经不起时间的考验，短短几个月就会失去光泽。今天，如果您买不起好的养殖珍珠或天然珍珠的话，我劝您还是不要买珍珠了。为什么还是有人愿意花几百或是几千美元去买珍珠，没过多久珍珠就失去了原有的光泽？当然没有人愿意买这样的珍珠。原因就是没有多少人知道这种珍珠的光泽会消失，也没有多少人知道如何去挑选珍珠。

我写这本书的目的，就是帮助大家筛选劣质珍珠，更重要的是，帮助大家挑选到美丽永久的迷人珍珠。

市面上有很多关于珍珠的书籍，我很确定我的私人图书馆都有收藏。而就珍珠的挑选、购买、佩戴和保养方面来讲，这些是我认为很重要的部分，却没有任何一本书提到过。我相信，本书可以解释是什么让珍珠如此特别，是什么让珍珠如此迷人，在珍珠的挑选、价格和保养方面需要重点考虑的因素有哪些，等等。本书可以告诉您珍珠的所有知识，能让您选择的珍珠成为珍贵的传家宝，世代相传。

我很荣幸地告诉大家，在本书中，除了我自己拥有的珍珠知识外，还有我对一些世界顶级珍珠专家做过的采访，包括他们对珍珠的所见所闻及了解，一起分享给大家。同时感谢他们对我的信任和帮助，让本书的内容更加丰富。在本书中，您会发现所需要的信息，包括：

·珍珠的历史传奇和罗曼史

·天然珍珠、养殖珍珠和仿制珍珠的定义、划分及区别

·如何判定珍珠的质量

·从实用性和美学角度看待世界各地的珍珠

·珍珠的价格——从平价到天价

·来自世界珠宝流行前沿的璀璨的珍珠宝石

·如何佩戴和保养珍珠

· 世界知名业内专家的建议

......

我希望本书开阔您的视野，让您对珍珠有前所未有的了解。我希望您看过本书后，对珍珠的挑选和保养更加自信、更加专业，能享受珍珠带来的无限乐趣。星星之火可以点燃激情，希望本书让您和我一样爱上珍珠，并受益终身。

第一部分

珍珠：宝石之王

第 1 章 最古老的宝石和最珍贵的宝石

珍珠——世界上至高无上、最为富贵的宝物。

摘自罗马历史学家盖乌斯·普林尼·塞孔都斯（Gaius Plinius Secundus）所著《自然史》（发表于公元 77 年）

珍珠的魅力无时无刻不存在于世界的每个角落。有历史记载以来，珍珠便被视为美德、爱情、智慧、正义、灵性和公正的化身，属于稀世之宝。每个时代的伟大诗人都写过对珍珠的赞美诗。每种文化都表达过对珍珠的赞美之情，从古代中国、印度、波斯、埃及、希腊和罗马，到玛雅、阿兹特克（Aztec）和美洲的印加文化，甚至是古代的南太平洋和澳大利亚等文化，无一例外。

珍珠的辉煌历史是举世无双的。如今，珍珠是 6 月的生辰石，与其他宝石相比，它更加古老、更加神秘，更具有精神意义，更为帝王家所青睐。世界主要博物馆中的肖像收藏品中，无一

"珍珠女王"——伊丽莎白一世（Elizabeth I）。

玛丽亚王后（Maria，1609—1699），英王查理一世（Charles I）的妻子。注意曼奇尼（Mancini）珍珠耳环（见第五部分第12章）和珍珠项链。

"珍珠王子"——都彭王朝的拉纳（Lana）。

不体现着珍珠无与伦比的声望和当时人们对珍珠的敬畏。在这里，我们可以看到每个时代著名的男士和女士在留给后人的肖像中，都以珍珠装扮自己。在他们所有的财富中，没有什么比珍珠更吸引他们，也没有什么比珍珠更适合来突显他们的财富。

世界上伟大的文学著作赞扬了珍珠的价值。这种赞美，我们在中国古籍中看到过，在印度教徒古老的圣书中看到过，在《圣经》（Bible）、《犹太法典》（Talmud）、《古兰经》（The

Koran)、但丁（Dante）的诗和莎士比亚（Shakespeare）的戏剧中都看到过。伟大的罗马历史学家普林尼在作品中也曾经赞美过它。从普林尼的作品中，我们了解了宝石世界和当时人们的各种信念。

在现代世界中，人们或多或少知道珍珠从何而来，同时精美的珍珠又给人带来一系列的敬畏、疑惑，甚至更多的情感。对于许多人来说，珍珠常被用于比喻生活的美好和诗情画意。在这个世界上，人们或许常常想起生活中面临的种种困难，过分强调困难可能会磨灭生活的意志，但是珍珠的精致往往会提醒人们，一些起初看似不幸的事情有时也会引出好的结果。如果没有之前的不好，根本不会有后来的好结果。正如你所看到的，如果没有磨难和挣扎，珍珠也不会自己生长出来。也许更为重要的一点，就是有没有珍珠或是珍珠的质量和色泽如何，在很大程度上依赖于单个软体动物在环境中的自我生存。并不是所有的软体动物在相同的环境条件下都可以产出珍珠，即使能够产出珍珠，也不见得都一样漂亮。这跟我们的现实生活是一样的道理。

我们无从准确地考证人们何时何地发现珍珠，有可能在还没有出现历史记载的情况下它就已经被发现。大概是远古时期人们在寻找食物的过程中，其中一个吃鱼的人发现了珍珠。但是不管何种情况，毫无疑问，珍珠独一无二的美丽和起源，令其一经面世就价值不菲。

珍珠与钻石和彩色宝石不一样，当你第一眼发现它时，它的美丽已经定格，不需要优化处理，不需要切割和打磨。一颗好的珍珠拥有独特的厚度和光泽度，好似由内至外散发出绚烂色彩。我们可以想象一下，远古部落的人们在打开或吃贝类的一刹那，发现里面居然藏着一颗闪闪发光的圆形珍珠，是多么惊奇啊！在那个时期，人们将一切与自然有关的力量奉为神灵，因此他们佩戴的护身符比任何东西都要珍贵。当他们捧着来自生命体里的天然宝物时，不仅是惊奇、敬畏，而且在他们的脑海里，散发着柔美光泽的珍珠简直就是一个生灵。

珍珠被认为是宝石之王——美丽、罕见、珍贵。远古时代的人们认为无生命的物体都拥有特别的力量，而这种特别的力量可以传递给它的主人或佩戴它的人。珍珠来自海洋生物体内，它呈现出的内在光泽蕴含了特有的生命活力，比其他任何财富更具价值。

🌑 所知的最早文化对珍珠的褒奖

生不布施，死何含珠为？

——《庄子·外物》

我们也许永远无法知晓珍珠确切的发现时间和地点，但是我们知道在有历史记载的时候，人们已经敬畏珍珠。在亚洲，珍珠的历史可以追溯到几千年前。在距今4000多年前的《尚书·禹贡》中，已经有多处提到了珍珠的重要性。公元前2206年大禹时代的书籍曾记载，长江流域的珍珠被作为贡品献给统治者、载入赋税记录并成为陪葬品。《庄子·外物》中曾经提出了一个很重要的问题：生不布施，死何含珠为？（如果一个人生前不行善，又如何在死后配得一颗珍珠的陪伴？）从这里我们发现，很久以前，珍珠是和人的善行联系在一起的，以此激励、引导大家过行善积德的生活。这有可能是历史上第一次将珍珠和善行联系在一起，记入史册。

在中国，1000多年前就很流行小珍珠母覆盖的佛像（佛教珍珠），人们很聪明地将很薄的铅片插入淡水软体动物体内获得一层珍珠外包层，然后将它们覆盖在佛像上。我们不知道当时人们这么做的原因，可能与精神意义有关。

珍珠在古代印度和斯里兰卡（Sri Lanka）同样被统治者所喜爱。在距今2500年前的古籍中，我们发现，当时在靠近斯里兰卡的沿海区域已经有珍珠捕捞业的记载，珍珠的价格也很高昂。斯里兰卡更是把珍珠当成使者前往印度传递友情的重要信物，赠予他国。

我们知道，当小型采珠业出现在斯里兰卡时，采珠业在整个罗马时期已经得到了繁荣发展。罗马历史学家普林尼在提到斯里兰卡时，特别指出斯里兰卡作为珍珠主要产出地的卓越意义。自公元前300年，波斯湾（Persian Gulf）开始产出珍珠，且大多数漂亮的珍珠均产自巴林群岛。从那时起到20世纪中叶，波斯湾一直是世界上大多数重量级珍珠的主要产地。波斯国王和王后的肖像中将珍珠作为装饰品。法国卢浮宫中收藏的一条配有珍珠和其他宝石的项链可以追溯到公元前4世纪。

提到古希腊的爱神——阿佛洛狄忒（罗马称维纳斯），人们往往想到珍珠，常常将二者紧密联系在一起。这可能是古波斯征服埃及和希腊后，将珍珠引入这些地方，又通过希腊和埃及，传到了罗马和世界的其他地方。我们发现，罗马帝国统治时期，珍珠与罗马爱神维纳斯也紧密联系在一起。很显然，珍珠与爱之间的联系也很好地证明了古代人对珍珠的珍视。这些早期征伐的另一个作用就是促进了阿拉伯半岛和非洲东北部地区旁的红海海域的采珠业的发展，虽然现在已经不存在了，但在当时这些地区却是珍珠的重要产地。

玛格利特——一颗真正的珍珠

罗马人热爱珍珠。女人慷慨地展示所拥有的珍珠，她们对珍珠的热爱之情是没有止境的。在罗马，人们对珍珠的热情无法超过将军庞培（Pompeius），他在行进队伍中展示用珍珠打造的个人肖像。对于罗马人来说，珍珠是他们最值得从东方大国追求的财富。富有的罗马女人会在自己的床上镶嵌珍珠，以确保能睡个好觉。罗马帝国晚期，全国推行节约法令，尝试限制民众对珍珠的展示，个人每次佩戴的珍珠数量不能超过法令中所规定的。据普林尼回忆，公元 1 世纪，珍珠在所有珍宝物品中排名第一。

罗马人常用两个词描述"pearl"（珍珠）。如果是一颗大而美的珍珠，就用单词"unio"表示独特的意思。罗马人也用单词"margaritae"（希腊语中的"珍珠"）来指值得珍爱的无价之宝。"margaret"（玛格利特）及其变形

"marguerite" "margarita" 等都寓意为 "珍珠"。自罗马时代开始，它就与珍珠的纯洁、灵性、美丽和高贵等融为一体。

◉ Pearl, Perle, Paarl, Perla...

珍珠这个词在许多语言中是相似的，英语是 "pearl"，法语和德语是 "perle"，荷兰语和瑞典语是 "paarl"，意大利和西班牙语是 "perla"。因为许多珍珠被罗马人所熟知，所以今天普遍认为，珍珠这个词来自罗马语的 "pirula"，意思是 "泪珠状的"。"pirula" 一词随着罗马帝国的扩张传遍整个欧洲，它被用来形容许多天然淡水珍珠的形状，后来逐渐替代了 "unio" 这个词，形容珍珠的自然之美。

◉ 新娘与珍珠——一个古老的传统

> 克利须那神从深海带回珍珠，在女儿的婚礼上送给她。
>
> ——《梨俱吠陀》（*Rigveda*），公元前 1000 年

前文我们提到过，许多关于珍珠的最古老的记载都出现在斯里兰卡和印度。远在罗马人欣赏珍珠之前，珍珠就在印度人心中拥有了崇高地位。印度古籍中常常提到珍珠，记载了珍珠最早与生命的延续、发展和传承的关系。3000 年前，"krisana"

俄国沙皇皇后世纪之交婚礼上的照片。

珍珠作为婚礼珠宝已经有上千年的历史。

波提切利（Botticelli）的名画《维纳斯的诞生》（*The Birth of Venus*）讲述了关于珍珠与爱情的美丽传说。我们看到维纳斯站在牡蛎中，她自己就是一颗美丽的珍珠。

一词就出现了，翻译过来就是"珍珠"。在克利须那神的故事中，克利须那神的拼写与"krisana"非常相似。在这些古籍中，我们也知道了有可能最早的关于珍珠与婚礼的故事。书中讲述了克利须那神是如何将深海珍珠在女儿婚礼那天赠送给她的。那是个多么美丽的故事，珍珠又是多么珍贵而神奇的礼物。那么，我们该如何更好地描述珍珠的高贵呢？印度古籍中的故事很有可能是最早将珍珠和婚礼联系在一起的记载，可能从那时开始，珍珠就被当作新娘最为合适的传统饰品了。

古希腊人将珍珠作为婚礼珠宝，相信它能够保佑新人婚姻幸福，不让新娘伤心难过。在十字军东征时期，从中东回来的英勇骑士都会将珍珠作为礼物，在婚礼上送给爱人。在14—15世纪时，珍珠和爱情是密不可分的。人们相信珍珠可以带来爱情，在勃艮第（Bourgogne）大厅举办的皇室婚礼真真切切地将婚礼现场打造成了珍珠的海洋，也将珍珠作为"婚礼时尚"推上巅峰。历史曾记载，在这场婚礼上，从新娘到男嘉宾，几乎到场的每个人都佩戴了闪耀无比的珍珠饰品。

从伊丽莎白一世到当代的伊丽莎白二世（Elizabeth II），这个传统经过数世纪延续下来（见第一部分第 2 章和第五部分第 12 章）。20 世纪初期，在美国，珍珠就像今天的钻石一样是婚礼用的珠宝，珍珠的销售量占珠宝销售总量的 75% 以上。现在，婚礼上有时是新娘的父亲赠予新娘珍珠，有时是新郎赠予新娘珍珠，这种传统已经延续了数百年。对于新婚夫妇来说，没有什么比珍珠蕴含更好的象征意义。珍珠就像爱情，需要时间精心培育，它必须战胜种种困难和挑战，才能脱颖而出、光彩夺目。

珍珠和天朝王国

除了用珍珠装扮新娘，印度《吠陀》等文献中也提到用珍珠打扮自己的英俊男子。《梨俱吠陀》圣歌中赞颂，"萨维塔驾着他镶有珍珠的战车从遥远的地方来保佑我们远离所有的痛苦和悲伤"。同时，"就像珍珠装扮黑色的战马，因此天父用星座点缀了整个天空"。

在犹太早期的作品中，珍珠常常用来形容那些极为宝贵的物品。例如，在《圣经·旧约·约伯记》中，我们发现，在描写智慧的价值时，强调智慧比任何东西都重要，包括珍珠。

波斯手绘插图中，沙阿·苏拉曼（Shah Sulalman，1674—1694）身上戴满珍珠，并坐在镶嵌珍珠的地毯上。

在犹太的文学中，我们也知道了关于亚伯拉罕和妻子萨拉入境埃及的精彩故事。在进入埃及时，亚伯拉罕遇到了海关关税员，为了保护妻子，他愿意放弃所有的宝贵财产，包括珍珠。从这个故事中，我们看到他们的爱情高于珍珠的价值，但是珍珠价值仅次于爱情。

从1世纪开始，基督教的文献引入珍珠。在《圣经·新约·马太福音》中，耶稣将天国比作一颗珍贵无比的珍珠。天国就像一位商人，四处寻找完美的珍珠，一旦发现具有价值的珍珠时，就会牺牲自己的一切拥有它。后来马太告诉我们："不要把圣物给狗，也不要把你们的珍珠丢在猪前。"12扇天堂的大门——"珍珠之门"——我们在《圣经·新约·启示录》中曾经读到："12扇门是12颗珍珠，每扇门是一颗珍珠。城内的街道是纯金的，好像透明的玻璃。"

珍珠与圣母马利亚和耶稣的关系也很紧密。圣母马利亚在早期基督教会的著作中曾经称耶稣为"大珍珠"。在那个时代，我们从所有的最有价值的物品中找不到比珍珠更值得珍爱的东西了。

珍珠的魅力从1世纪一直延续到6世纪，从未有所减弱。伊斯兰教的神秘主义者认为珍珠是神的第一个作品，而穆斯林则认为珍珠是上帝赐予世界的一个特殊的礼物。因此，穆斯林往往把天然珍珠看得特别重要，并且尽量避免养殖珍珠与天然珍珠混淆。

我们发现伟大的先知穆罕默德（570—632）在伊斯兰教的圣书《古兰经》中，用非常美妙的话语比喻了珍珠的美丽和价值。对于穆罕默德的追随者来说，他们想象天堂中"石头是珍珠和锆石，树上的水果是珍珠和祖母绿，每个进入天堂的人都有一堆的珍珠、红锆石和祖母绿，头冠上佩戴着无可比拟的闪闪发光的珍珠，被隐藏在珍珠中的仙女所服侍"。没有比可以进入这个想象的天堂更有吸引力的了。现在，穆斯林仍旧很喜欢珍珠，鲜艳明亮的珍珠是他们最为珍爱的财富。

⚪ 珍珠之于健康

　　珍珠除了具有无与伦比的宝石的价值外，几个世纪以来，著名的医生都认为珍珠拥有特殊的治愈力，特别是对眼疾、败血症和抑郁症等的治疗具有显著效果。珍珠拥有的力量被认为可以使人类感知未来、解释梦境。13 世纪时，珍珠被认为可以有效治疗心悸和抑郁症。只要服用包含珍珠的混合物，就可以治疗某些疾病。珍珠粉也可以治疗眼疾。一个受过教育的卡斯提尔人在日记中曾写道："珍珠粉放入眼里，加强了视力，干涸的眼睛湿润了，看到的世界清晰又明亮。"那个时期有一个特别的秘方听起来引人入胜，它的创造者是当时一个非常著名的医生，名字是安塞尔默斯·德布特（Anselmus de Boot），据报道："这个秘方能将人的元气恢复至极致，几乎可以使人起死回生。"这个方子如下：

　　　　将珍珠、醋、柠檬汁和矾或硫黄使劲搅拌在一起，直到混合成液体状。注意，上面覆盖玻璃，防止气味散发。再添加一些柠檬汁，然后把产生的乳状液体倒出，加糖调一下味道。每 4 盎司① 珍珠液，加入 1 盎司的玫瑰水、1 盎司的草莓酊、2 盎司的肉桂水，摇匀，然后喝 1~2.5 盎司。

---

① 1 美制液体盎司 ≈ 29.57 毫升。

在 14—15 世纪，珍珠粉被混合在蒸馏水中，用于治疗精神疾病和其他病症。1492 年，意大利佛罗伦萨（Florence）著名的统治者洛伦佐（Lorenzo），因发热而病危，他也曾喝过一杯相似的混合物。据报道，当被问及他尝试以后效果如何时，他的朋友说："对于一个将死之人做任何事情都是善意的。"很明显没有起到任何作用，他死了。

然而，我们是不应该嘲笑他们的。不久之前，御木本幸吉（Kokichi Mikimoto）即 20 世纪养殖珍珠的发明人，在被问及已经 94 岁的他身体为何如此健康时，他说道："我能够长寿、身体健康，得益于我从 20 岁就开始每天吞服两粒珍珠。"

巴林的法律规定，进入这个国家的珍珠必须是纯天然的，海关允许进入境内的养殖珍珠严格应用于药物制剂，用来治疗膀胱炎、性功能障碍和眼部问题等。在中国，珍珠粉则应用于美容业，制成面霜护肤。

崭新的世界——珍珠的领地

大部分珍珠持续来自波斯湾或欧洲的河流，直到新大陆被发现。欧洲人从未想到这块原始土地会成为财富之地。谁能够想象该地的珍珠如此丰饶？又有谁能够想象出原始的美洲印第安人佩戴象征财富的珍珠？然而，我们在俄亥俄州霍普韦尔地区（Ohio，State of Hopewell）的一个印第安人古墓中发现了一条淡水珍珠项链，距今约 3000 年，这足以证明珍珠在古印第安人心目中的价值。

从欧洲到亚洲，国君们尽情享用过去 1000 多年里发现的代表富饶的最好东西，包括所知的每种类型的珍珠。美洲拥有丰富的淡水珍珠资源，主要产自密西西比（Mississippi）、俄亥俄、北美田纳西地区（Tennessee）的湖泊和河流。南美洲巴拿马（Panama）和委内瑞拉（Venezuela）海岸发现的白色海水珍珠，质量与色泽都足以媲美从波斯湾和加利福尼亚半岛（Lower California）产出的天然黑珍珠，这为墨西哥的国王和王后提供了丰饶的资源。

1498 年，哥伦布（Columbus）在委内瑞拉的沿海地区、加勒比（Caribbean）海岸发现了优质的采珠海域。他让一些水手去拦截一艘渔船，想知道船上的人在打捞什么。有文字记载，水手带回来大而白的珍珠，是他们用马拉加（Malaga）陶器碎片交换来的。随后，他迅速让水手携带各种现代生活用品，包括纽扣、针和陶器等与渔民交换了大约 18 盎司①的珍珠。这些珍珠足以赎回一个国王了。这个地区为欧洲提供了大量质量上乘的珍珠，后来由于过度捕捞，完全破坏了牡蛎的繁殖床。

不久后，欧洲和亚洲的法院都出台了一系列措施保护并享有珍珠。到了 16 世纪中期，珍珠成了最受皇家喜欢的珠宝首饰。欧洲国王和王后的画像也体现出当时他们对珍珠无比喜欢，对珍珠的在乎程度甚至超过了画像中衣服的配搭。这一点在国王亨利八世（Henry VIII）及其女儿的画像中表露无遗。为了将每

---

① 1 常衡盎司 ≈ 28.35 克。

件衣服上都缝上珍珠，英国女王伊丽莎白一世甚至购买了成千上万的仿珠并缝在上面。

直到 20 世纪早期，美洲新大陆和波斯湾产出了世界上最多的天然珍珠。

🔘 养殖珍珠首次登台亮相

珍珠新大陆的发现到 20 世纪的发展，以及养殖珍珠的出现，并没有对珍珠市场产生很大的影响。虽然中国和其他国家进行了数百年的珍珠培育实验，但是直到 19 世纪才取得很大的进步。一位名为威廉·萨维尔－肯特（William Saville-Kent）的澳大利亚人和三位日本的"发明家"［其中一位是生物学家西川元吉（Tokichi Nishikawa），另一位是木匠三濑辰平（Tatsuhei Mise），还有一位面条机制作人的儿子御木本幸吉］发明了养殖珍珠的技术。1916 年，御木本取得了养殖圆形珍珠的技术专利，到 1920 年其生产的圆珠销售到世界各地。

虽然提到养殖珍珠人们首先会想到御木本，但后来人们都认为澳大利亚的萨维尔－肯特先生是最初开创出养殖珍珠技术的人。他的技术主要是从一只牡蛎中取得外套膜组织，然后成功移植到另一只牡蛎中。这项技术在培育良好珠子的过程中是非常重要的。后来他的技术被三濑和西川不断完善并获得了专利。这项技术专利被御木本所购买。

天然珍珠的供求状况，让御木本的养殖珍珠进入了关键的发展时期。因为过度捕捞造成牡蛎数量锐减，导致世界范围内的优质天然珍珠供应量急速下滑。到 20 世纪中期，由于工业化污染、波斯湾的石油被发现，天然珍珠数量不断下降。由于潜水找珍珠经常会危及生命安全，相比来说，石油行业的可靠性和安全性对人们的吸引力更大，所以越来越多的采珠者转向石油业。如今，潜水采珠者已经寥寥无几了，通常都是业余收藏家和寻宝者，而优质天然珍珠的数量根本无法与以前相比。大

御木本幸吉。

多数优质天然珍珠都是通过私人中介机构和一些重要的拍卖会从一些地产商中取得。

正如历史上任何一个时期一样，珍珠在今天非常珍贵，甚至更加稀有。好的天然珍珠价格惊人，超出了大多数人的购买能力。天然珍珠的追逐者几乎都是收藏家和鉴赏家，以及在从文化上将珍珠赋予特殊价值的人群，包括一些阿拉伯国家购买者。

御木本的养殖珍珠永久地改变了珍珠市场。历经数十年，珍珠养殖技术得到了提升，新的培育技术在不断发展。法属波利尼西亚（French Polynesia）自然黑珠的养殖已经成功，澳大利亚养殖者应用培育技术养殖出了白色的大个儿南洋珠，色泽美丽，被当作宝石皇后。

今天的珍珠市场是养殖珍珠的天下，如果没有养殖珍珠，我们大多数人都不可能见到一颗漂亮的珍珠，只有在大博物馆里的名人肖像中才能看到。对于喜爱珍珠的人来说，其实今天找到的都是优质的养殖珍珠。

第 2 章　珍珠的传说故事

　　几个世纪以来，关于珍珠的各种传说让人对珍珠充满了幻想，再加上珍珠散发的魅力，更是让冒险家和诗人心潮澎湃。无论是爱情传奇、希望传说、权力争夺、政治阴谋，还是探索与发现，都承载着故事。这些故事就像珍珠一样神秘，令人惊叹。

安东尼（Antonius）与克娄巴特拉（Cleopatra）的爱情魔药

　　安东尼与克娄巴特拉的故事被认为是世间伟大的爱情故事之一，也许只有故事中罕有的珍珠可以超越。

　　故事中讲到安东尼被克娄巴特拉深深吸引，为了让她高兴，他可以为她做任何事情，甚至倾尽所有。特别是安东尼为克娄巴特拉准备了极为奢侈的宴会。一天，克娄巴特拉夸下海口，说她可以很容易准备出比这更加奢华的晚宴，将花费 1000 万赛斯特斯 ①（相当于一位国王的赎金）为他一个人打造一顿饭。安东尼打赌她做不到。克娄巴特拉果然为安东尼准备了一顿令人愉快的晚宴，她戴着一对极为华丽的珍珠耳环出现在饭桌上，用普林尼的话说："这对珍珠是两颗极为罕见珍贵的珠宝，仅一颗就足以照耀整个世界，简直是自然之瑰宝。"安东尼并没有发现这顿饭的特别之处，嘲讽着要看一下账单。克娄巴特拉宣称这顿饭花了 1000 万赛斯特斯，为了不再有任何异议，她取下了一颗珍珠并放入醋杯中将它融化，然后让安东尼一口饮尽，相当于一位国王赎金的价值就这样被一饮而尽了。克娄巴特拉准备继续取下第二颗珍珠时，见证这场赌局的法官无法忍受摧毁这么好的珍珠，便从她手中夺下，宣布安东尼输掉了这场赌局。普林尼告诉我们，为了纪念这场赌局，人们将余下的那颗珍珠从中切开，制成了罗马万神殿上爱神维纳斯雕塑上的一对耳环。

🔘 不可征服的"漫游者"珍珠（La Peregrina）

我们无法确定这颗华丽珍珠的起源或准确的发现地点，但是目前所知，它最早出现在玛丽一世（Mary I）1554 年的一幅

---

① 赛斯特斯是古罗马的一种货币，起初为银铸，后来为铜铸；4 赛斯特斯 =1 便士（古罗马货币）。——编者注

婚礼肖像中。"漫游者"珍珠是玛丽一世的丈夫、西班牙国王腓力二世（Felipe II）送给她的，说这颗珍珠是美国赠送给他的。我们知道这颗珍珠来自南美洲水域，但不清楚地理环境。有一个故事说"漫游者"珍珠来自巴拿马海岸的一个奴隶，因为奉上这颗珍珠而获得了人

"漫游者"珍珠。

身自由。无论何种情况，这颗珍珠成了西班牙的珍宝，从 16 世纪中期一直保存到 1813 年。从 17 世纪委拉斯开兹（Velázquez）送给腓力四世（Felipe IV）妻子［法国波旁的伊莎贝拉（Isabella）和奥地利的玛丽安娜（Mariana）］的画作中，我们可以看到这颗珍珠。18 世纪，西班牙国王将这颗珍珠镶嵌在帽子上，戴着它出席女儿玛丽亚（Maria Teresa）和路易十四（Louis XIV）在凡尔赛宫举行的婚礼，引起了人们的注意。在约瑟夫（Joseph）退位后，1813 年这颗珍珠离开了西班牙进入法国。为了摆脱法国的经济危机，路易·拿破仑（Louie Napoléon）王子将这颗珍珠卖给了侯爵，"漫游者"珍珠随后来到英国。侯爵将这颗珍珠送给了夫人，因为"漫游者"珍珠没有钻孔，所以很难将它拿住或固定在饰品上。有一次，在白金汉宫的舞会上，她发现这颗挂在脖子上的珍珠丢了，后来在参加宴会的另一位女士的天鹅绒裙褶中发现了它。还有一次，在温莎城堡，她又把它弄丢了，幸运的是在一个沙发的坐垫上找到了。侯爵夫人的儿子得到它后，便拿去钻了孔。

1913 年，"漫游者"珍珠经过清洗打磨后再称重，据那时报道，它重达 203.84 谷（4 谷相当于 1 克拉 ① ）。

1969 年，苏富比拍卖行以 3.7 万美元的价格将"漫游者"珍珠卖给了理查德·波顿（Richard Burton），后来理查德又将其转赠给女演员伊丽莎白·泰勒（Elizabeth Taylor）。看起来只有泰勒女士适合将"漫游者"珍珠收入囊中。她曾扮演过克娄巴特拉这个角色，从对"漫游者"珍珠的描述来看，这颗珍珠也非常像克娄巴特拉的那对珍珠，虽然今天已无法比较，但它的确价值连城。卡地亚珠宝曾经受人之托，为了提高珍珠的价值而为其打造了一条华丽的珍珠项链。

🌑 无与伦比的拉帕莱格林娜珠（La Pelegrina）

拉帕莱格林娜珠是西班牙宝物中另一颗价值连城的珍珠。它有着标准的鸡蛋形外表，重达 111.5 谷，品质很高，泛着银光，几近透明。如此巨大和高品质的珍珠实属稀有珍宝。这颗珍珠的起源我们无从知道，但我们相信它同样来自南美洲。拉帕莱格林娜珠是国王腓力四世送给女儿玛丽亚·特雷丝的结婚礼物。1660 年玛丽亚嫁给了路易十四，这颗珍珠被带到法国。从那时起，拉帕莱格林娜珠消失在人们的视野中，直到 19 世纪中期，它重新出现在俄国皇家珍宝展上。拉帕莱格林娜珠在莫

---

① 　1 克拉 =0.2 克。

斯科卖给了尤苏波夫（Youssoupoff）公主并在家族中一代一代
传了下来。尤苏波夫家族在俄国皇室家族中非常具有影响力。
正是在圣彼得堡的尤苏波夫宫殿，拉斯普京（Grigori Efimovich
Rasputin）在革命前被谋杀。1987年，拉帕莱格林娜珠在日内
瓦的佳士得拍卖会上以46.38万美元售出。

 "希望之珠"（hope）寓意一切皆有可能

　　19世纪著名的银行家亨利·霍普（Henry Hope）有一颗希
望之珠。也许我们都知道"希望之钻"———一颗拥有巨大光芒
的蓝钻，现在为史密森尼学会所有。直到最近我们才知道历史
上最大的珍珠，由于体形巨大，取名为"希望"，其寓意是所有事情都有可能，甚至会出现一颗更大的珍珠。希望之珠是一颗淡水河流珠，也是巨大的巴洛克形状的贝附珍珠。通常一颗珍珠依附在软体动物的壳上生长，当把它移开后，珍珠往往有一个点没有珍珠层，这个点一般会被抛光或是固定的时候隐藏起来。希望珍珠重达1800谷，相当于450克拉或是

希望之珠。

3 盎司，长 2 英寸[①]，最大一圈的周长为 4.5 英寸，最小一圈的周长为 3.75 英寸；外形像开花之前的毛地黄，最窄的边缘呈现白色，逐渐变成绿色，最大边缘为青铜色。霍普的惊世收藏品于 1886 年被售出，他的一些珍珠下落无人知晓。1974 年，希望之珠被一位私人买家以 20 万美元购走。

2000 年，人们发现了两颗珍珠打破了希望之珠的纪录。第一颗缅甸珍珠是被潜水者发现的，为新珠，重达 845 克拉。第二颗珍珠发现于一个由珠宝镶嵌的古金色人首马身雕像中，它处在雕像身子的中间部分，重达 3426 谷，相当于 856.58 克拉，高 4.5 英寸，最大周长 6 英寸，毫无疑问成为世界纪录的保持

世界上最大的天然珍珠制成的半人马主体。

---

① 1 英寸约为 2.54 厘米。

者。像希望之珠一样，这颗珍珠也是巴洛克形状的贝附珍珠。它融合了紫色、淡紫色、灰色和青铜色，泛着强烈的彩虹光泽。2001 年，当它首次在美国自然历史博物馆的珍珠展上亮相，就引发了人们的诸多疑问。为什么没有关于它的任何历史记载？这颗珍珠在何时何地被发现的？基于它的独特色泽和起源，有人推测，它来自"彩虹唇"牡蛎。这种牡蛎曾经生活在墨西哥沿海的加利福尼亚半岛。虽然这颗珍珠充满了神秘色彩，但它确实非常华丽。

珍珠女王——伊丽莎白一世

> 皮肤白皙，头戴王冠，佩戴钻饰，一个大的衣领，外搭一个更大的领边和一串珍珠饰品，这是众人所知的伊丽莎白女王的画像。
>
> ——霍勒斯·沃尔波尔
> （Horace Walpole，1717—1797），作家

一想到英国女王伊丽莎白一世的形象，我们的脑海里立刻会浮现出一位伟大的君主佩戴珍珠的画面。有趣的是，伊丽莎白一世年轻时一点都不喜欢佩戴珠宝首饰，甚至稍微年长后，也不是很在意珠宝，但唯独珍珠是个例外。她对珍珠的热爱是无限的，不仅佩戴珍珠，连衣服和长裙上都要点缀珍珠。她对珍珠如此热爱，以至于当天然珍珠供给不足时，她会购买成千上万的珍珠仿品镶在衣服上，以满足自己的喜好。在她临终的

床上只有珍珠，没有其他东西。

没有人比伊丽莎白女王更加喜欢珍珠。她有 3000 件珍珠镶嵌的外套，80 件珍珠头饰、串链、戒指、耳环和吊坠。她常常让侍从将她的外套晾晒、通风、除尘，以保持珍珠的光泽。

伊丽莎白和汉诺威珍珠（Hanoverian Pearl）

从苏格兰、法国勃艮第、葡萄牙和西班牙纳瓦拉（Navarre），伊丽莎白到处寻找最好的珍珠并纳入囊中。她击败凯瑟琳（Catherine de Medici），成功地拥有了汉诺威珍珠。汉诺威珍珠原本是属于凯瑟琳的。汉诺威珍珠是凯瑟琳的叔叔克里蒙七世送给凯瑟琳的结婚礼物，凯瑟琳将珍珠传给了儿子——法国王储，他又给了妻子玛丽（Mary Stuart）——苏格兰的女王。为了挽救财政危机，玛丽将她的珠宝收藏品全部出售，伊丽莎白成功地将这些精致的珍珠收入囊中。凯瑟琳想重新要回这些珍珠，写信请求西班牙大使去伦敦收回，大使回信说太迟了，这些珍珠已经戴在伊丽莎白的手上。

汉诺威珍珠的历史可以追溯到 14 世纪，有 25 颗核桃大小的珍珠穿在 6 条很长的链上，这是欧洲史上最好的珍珠。它们由伊丽莎白一世传给了詹姆斯一世（James I），又传给了他的女儿伊丽莎白，后来经波希米亚女王，通过汉诺威王朝，最终传到了英国的王冠上。

🌑 蒂芙尼（Tiffany & Co.）的皇后之珠（Queen Pearl）

刚刚已经提到在发现新大陆的时期，北美洲盛产淡水珍珠。许多湖泊、河流等都有喜人的珍珠产出，特别是密西西比河谷水域。为了满足英国王室的需求，这些地区的珍珠几乎被采集一空，但今天还是能偶尔发现天然珍珠。

然而，美国最大的淡水珍珠并不是来自这些盛产珍珠的区域，而是美国的新泽西州（New Jersey）。1857 年，家住新泽西州帕特森市（Patterson）的鞋匠戴维，在家附近的小溪里捕捞贝类。他吃饭时发现盘子里躺着一颗重达 100 克拉的巨型珍珠，但因为用油煎过，珍珠已经变质了。

这个消息迅速传播开来，一段时间后住在附近的一位木匠发现了一颗精致的粉色珍珠，它有非常可爱的外形。珍珠重量超过了 13 克拉。查尔斯·蒂芙尼（Charles Tiffany）收购了这颗珍珠，由于没有找到美国的买家，他将珍珠卖给欧仁妮（Eugénie）皇后，随后，这颗珍珠被命名为"皇后之珠"。不幸的是，这条因产出美丽珍珠而著名的小溪，在此后的几年里由于人类的过度捕捞、垂钓，逐渐干涸，再也没有了河蚌。

🌑 印度珍珠——莫卧儿（Mughal）传说

我们了解了印度的辉煌历史，也从 17 世纪伟大的旅行家和作家 J. B. 塔韦尼耶（J.B.Tavernier）撰写的《印度游记》（*Travels* in India）一书中，通过文字和插图了解了历史上的一些华丽的珍珠。毫无疑问，印度的统治者非常喜欢珍珠，并给予了珍珠极高的地位。今天，印度海得拉巴（Hyderabad）历经 400年依然是印度最重要的珍珠贸易中心，也是留存至今数量不多的天然珍珠市场。塔弗尼尔描述了珍珠是如何广泛地应用于珠宝首饰、服饰和家具行业的，但是最令人印象深刻的是他对孔雀王座的生动描述。

根据塔弗尼尔的描述，这颗珍珠的年代、大小和形状，让人们相信它就是早已失传的孔雀王座珍珠。

塔弗尼尔告诉我们，奢华的孔雀王座有很多极品珍珠。华盖下的宝座上镶满了珍珠和钻石，华盖上面有一只用金子和宝石镶嵌而成的孔雀，这就是宝座名称的由来。在孔雀的脖子上悬挂着一颗璀璨的珍珠，它垂在孔雀的胸部中心。这颗珍珠重达 50 克拉，在一颗非凡的、火红的红色尖晶石下。

塔弗尼尔在印度期间看到了很多达官贵人的珠宝。除了孔雀宝座上的珍珠外，他还描述了其余 5 颗特别的珍珠，并给读者提供了素描图。他宣称，其中一颗珍珠是迄今发现的最大、最完美的，无论任何方面都毫无瑕疵。他讲述了 1633 年波斯国王如何从一个阿拉伯商人手中买走这颗珍珠。这颗珍珠外形酷似梨形，还有轻微的凹凸边缘，从塔弗尼尔的素描图中估算它的重量可能会超过 125 克拉。

除了孔雀宝座上的珍珠和上面提到的完美珍珠，塔弗尼尔还描述了另一颗非常有趣的橄榄形珍珠。他告诉我们，这颗珍珠重约32克拉，镶在一串由红宝石和祖母绿穿成的项链中间。当莫卧儿君主戴上项链时，项链可以到腰部。

塔弗尼尔也描述了曾经从西方带到东方的最大的珍珠——玛格丽塔岛（Margarita）附近的委内瑞拉海岸发现的梨形珍珠。最后，他描述了重约27克拉的完美圆形珍珠。他解释道，大莫卧儿佩戴它时必须有配饰，而配饰毫无疑问就是耳环。

事实上，印度是一个非常敬畏珍珠的国度。从古代神圣的印度教义中、伊斯兰教的文本中和塔弗尼尔的游记中，到今天印度和巴基斯坦的极品珍珠，以及对财富形形色色的描述中，我们都可以看到他们对珍珠的敬奉。

巴罗达（Baroda）的珍珠地毯。地毯由天然珍珠组成，长10英尺，宽6英尺，存放在盖克沃尔宫殿，被公认为世界上最奢华、最漂亮、最有价值的工艺品。

第二部分

珍珠为何物

第 3 章　珍珠的形成

　　珍珠是一种有机"宝石"，也就是说，是由生物形成的宝石。类似的有机宝石还有珊瑚（由海洋无脊椎动物群体产生）和琥珀（由树脂石化形成）等。多种类的海水或淡水硬壳软体动物都能出产珍珠，但可别指望能幸运地在饭桌上见到珍珠的踪影，我们见到的珍珠几乎都不是产自可食用的贝类中。

　　软体动物，包括牡蛎、蛤、贻贝、蜗牛、鱿鱼、章鱼和许多其他贝类，总共有超过 10 万种不同的类型，但只有少数几个品种能够产生我们所期望的可爱珍珠。

　　珍珠是由特定品种的双壳类软体动物产生（有两个壳，如贻贝和牡蛎），但是只存在于有"珍珠衬里"的外壳内部，这种"珍珠衬里"就是珍珠母。并不是所有的双壳类动物都能产生珍珠母，只有含珍珠母的双壳类软体动物才能产生真正的珍珠。

　　就天然珍珠而言，类似海洋寄生虫等微小异物偶尔进入软

双壳类软体动物。

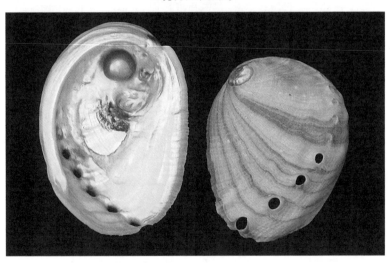

单壳"红鲍"产地为达文波特（Davenport，CA），盛产于美国加利福尼亚北部水域。从图中可见珍珠居于壳体上部。

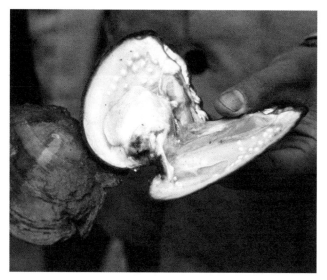

双壳类淡水贝。

体动物壳内，并嵌入其中。软体动物在不能将其正常排出的情况下，为舒缓异物所带来的刺激，会产生一种褐色的分泌物，这种舒缓分泌物叫作贝壳硬蛋白（conchiolin）。此外，它通常还会分泌出另一种白色的物质，称为珍珠质（nacre）。珍珠质在贝壳硬蛋白的作用下层层叠加，构成珍珠层，形成了珍珠。

我们所知道的"珍珠"由珍珠质在包裹异物的过程中一层又一层不断叠加形成。珍珠质与软体贝类外壳中形成珍珠母的物质相同，是由碳酸钙（主要是方解石和文石）这样的微观晶体所组成。当珍珠质层数足够多，且晶体排列整齐的情况下，各珍珠层反射光线时会形成一种棱镜效应：使珍珠表面散发出彩虹般的光芒——呈现出一种柔和的彩虹色，这种彩虹色通常被称为"珍珠光泽"。珍珠层产生的光泽感和柔和的彩虹质感赋予了优质珍珠独特的魅力与个性。珍珠质越厚，各晶体层排列越整齐，这样的珍珠也就越美丽，因为稀有而昂贵。

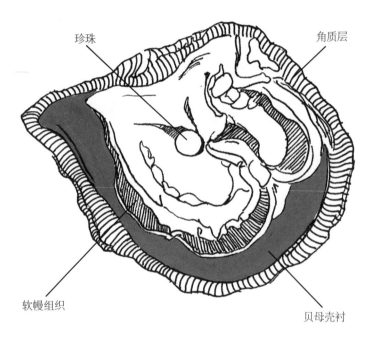

珍珠　　　　　　　　　　　　　　　　　　角质层

软幔组织　　　　　　　　　　　　　　　　贝母壳衬

和其他宝石比起来，珍珠并不算坚硬——在莫氏硬度表中等级为 2.5~3.5。但是，紧密的特性使它具有出乎意料的持久性和抗击打性；正如前面我们所提到的那些传奇珍珠，许多都能保持数百年而魅力不减。记得有一次，我非常猛烈地拍手，以致我戒指上的天然珍珠在会议大厅飞了出去，打在墙上又弹到了地上。幸好有人听见我的尖叫注意到它，并且帮我捡了回来。它经过这么折腾还能保存完好，真是让我感到惊叹！

天然珍珠由"野生"软体动物在栖息地生成，但大多数野生软体动物不含珍珠。根据各种条件，母贝可能需要 10 年或更长的时间才能生产 6mm 的珍珠，7mm 或 8mm 的珍珠则需要更长时间。不过，珍珠在软体动物内时间越长，越有可能破坏其品质，尤其是珍珠的表面。因此，大的、高品质的天然珍珠十分罕见。采珠人倾其毕生也只能得到少量的天然珍珠，而且绝大多数珠子品质一般。

人们对高品质珍珠（也就是"多层珍珠层构成的珍珠"）需求量很大，但只有前面提到的几种特定软体动物或贝类才能产生这种珍珠，其他种类的贝类只能生成类珍珠产物，而且外观或商业价值都没有持久性。我儿时在弗吉尼亚（Virginia）的小溪中玩耍时，曾在小龙虾的头中发现可爱的、彩色的"珍珠"，我因此收藏了无数闪亮的圆形"珍珠"；它们的直径为 7~8mm，都有着彩虹般的色彩——粉色、淡绿色、奶油色、白色，甚至是蓝色。不幸的是，在相当短的时间内，"珍珠"的光泽减弱，颜色褪去，最终变质分解。所以，我最终放弃了捕猎和解剖小龙虾。

我在小龙虾头中找到的"珍珠"被称为钙质结核，许多贝类都可生成。大多数人在食用牡蛎中找到的就是这种钙质结核，它并不是真正的珍珠，外观既不漂亮也不持久。有时人们在食用淡水贻贝时可以找到真正的珍珠，但这种淡水贻贝与海水产珠贝类是不同类型的。历史上最大、最美丽的珍珠应该是由海水软体动物生成的，我们将这种海水软体动物称为珍珠牡蛎。这里的用词可能不太恰当：牡蛎是一种可食用科的牡蛎类软体动物，而大多数海水珍珠由形似扇贝的非食用科软体动物产生。在本书中，我们将生产海水珍珠的软体动物称为"牡蛎"或"扇贝"，先在此说明。

当今，世界上大部分野生的、可出产天然珍珠的软体动物由于过度捕捞和污染已经消失，高品质的天然珍珠比以往任何时候都稀少；一些喜欢珍珠、具有收藏能力的特殊买家也会偶尔从珠宝商那里购得稀有天然珍珠，这些珍珠主要来自拍卖行、珠宝世家和珠宝评估的私人代理商。

当今珍珠市场是养殖珍珠的天下

随着天然珍珠资源逐渐枯竭，日本正在发展珍珠的生产养殖技术。养殖珍珠在本质上与天然珍珠相同，只是产出过程中进行了科技手段的干预。珍珠养殖技术是指技术人员最初在母贝中植入可刺激贝壳硬蛋白和珍珠质产生的物质，使其最终产出珍珠。

🌑 养殖珍珠和天然珍珠的差异

天然珍珠和养殖珍珠的区别是：天然珍珠是由软体动物在自然环境中自身生成的，而养殖珍珠的产出需要人为的技术干涉。天然珍珠形成过程中，刺激性异物通常非常小。比如，当一只寄生虫钻过外壳进入牡蛎组织内部时，这只寄生虫就是刺激性异物；而养殖珍珠的培育需要技术人员通过手术植入"异物"完成。在海水和淡水珍珠养殖中，植入物通常是圆珠以及覆盖组织；这种圆珠或覆盖组织植入物叫作"核"，这些珍珠被称为有核养殖珍珠。覆盖组织带有可产生贝壳硬蛋白和珍珠质的细胞；将其放置在圆珠旁边可保证珍珠层包背，有助于产生品相好的珍珠。有些淡水养殖珍珠的形状是可爱的、不规则的，如爆米花形，这些珍珠的植入物可能是单独的覆盖组织，被称为"组织移植"或"无核"养殖珍珠。通过组织养殖的淡水珍珠本身通常并不是圆形，而是细长的和不对称的形状。现在的新技术能生产近圆珍珠，我们相信可能很快就能生产出非常圆的珍珠。

我们把植入物（无论是圆珠加覆盖组织还是单独覆盖组织）称为"珠核"。珠核能够对软体动物造成刺激，使得软体动物随之出现缓解刺激的分泌反应，从而产生珍珠。现在人们梦寐以求的珍贵圆形珍珠都是珠核海水珍珠，虽然在各种技术（包括珠核植入技术）的运用下，我们也能培育出近圆形的淡水养殖珍珠，但这些都不如海水珍珠稀有、昂贵。

珠核植入需要非常熟练的技术人员和非常精细的操作。珠核是由天然的有机物质构成。为了让珍珠更圆滑，我们通常会选用一种只出产在美国密西西比河流域的特殊软体动物的壳构成的圆球体作为海水珍珠核体。现在基础实验正在尝试使用不同种类的贝壳作为珠核，但在大多数情况下结果都不令人满意；实验中，一些珍珠核短短几个月就开始改变颜色，而且珠核本身（珍珠核心）开始变质，这削弱了珍珠的品质且导致珍珠寿命不到 2 年（如果你买的珍珠在如此短的时间内就开始变色，请立即联系珠宝商）。

一颗高品质珍珠需要至少在母贝内养殖 2~3 年，珠核才能被足够厚的珍珠层覆盖，从而赋予珍珠持久的美丽。但是在养殖期间，只要母贝体内的众多因素发生一个微小的相互作用，可能就会影响珍珠的最终外观，而且珍珠在母贝体内的时间越长，发生不利影响的概率就越大，且最终都会反映在外形和表面的完美度上。切记，珠核在珍珠层包裹之前，最好是圆滑的、光洁的。随着珍珠层的层层累积和覆盖，核心不断增厚，可能会变得越来越失圆或畸形，甚至出现斑点。所以，短时间的养殖会产出个头较大且表面光滑圆润的珍珠，但珍珠层太薄会使其寿命缩短；长时间的养殖会使珍珠层更厚、寿命更长，但很少有圆形完美、表面无斑的珍珠。这就是为什么品相佳的圆珍珠是如此罕见且昂贵。

在养殖期间，人们会对母贝进行持续的关注和照料，从而确保培育和产出最好的珍珠。但在养殖过程中，养殖人员要非常精细和小心翼翼，即使满足所有的必需条件，一个小的因素也会影响最终的结果。母贝自身决定了珍珠的光泽度、形状、颜色、表面光洁度等等。但养殖人员无法控制母贝是否接受植入体，无法控制母贝生成的珍珠品质，也无法控制或预防可以摧毁母贝的自然灾害——在它们的栖息地发生的台风、地震、病害，或其他"大自然的行为"。例如，由于致命的"赤潮"，日本遭受了巨大的损失；日本"珍珠之都"神户，在 1995 年几乎被现代历史上最严重的一次地震摧毁；印度尼西亚的南洋珍珠生产也一直被频繁的地震困扰着；美国的淡水珍珠产区，由于早年附近的国道修建项目使用的石灰浸入水体而遭到严重破坏。

　　虽然珍珠养殖者尽了最大的努力，并将先进的科学技术应用其中，但母贝能否产出珍珠以及珍珠的品质和价值如何，最终还是取决于母贝自身条件和外界自然环境好坏。

圆形贝壳珠核用于产出养殖珍珠，由软体动物壳切割成形，产于田纳西州的河流湖泊。

养殖珍珠的横截面显示珠核内部。

🔘 美丽珍珠的生长周期

如上文提到的，一颗美丽的珍珠会经历很多年的培育，而品质一般的养殖珍珠的养殖期（珠核移植入母贝体内后的时间）大约在 6 个月到 2 年，或者更短。养殖期越短，珍珠层越薄；养殖期越长，珍珠层越厚。如果养殖期太短，珍珠的持久度会很低。注意不要购买珍珠层太薄的珍珠，在一些特殊的促销活动中，廉价珍珠的珍珠层就很薄，甚至已经开始碎裂、脱落。你一定要仔细看钻孔附近有没有任何凿过的迹象，如果看到，千万不要购买这样的珍珠。这种珍珠的珍珠层会很快脱落，你买到的只是毫无价值的壳心，而不是珍珠（见第三部分第 5 章）。

珍珠的养殖周期一直极具争议。在 20 世纪 20 至 40 年代，珍珠在母贝体内存在时间比现在长很多，通常在 5 年以上。那时的养殖珍珠都具有非常厚的珍珠层，但珍珠表面有可能出现较多的斑点。对于今天的珍珠养殖者来说，缩短养殖周期，不仅会降低生产成本和威胁母贝的自然风险的发生概率，还可以减少珍珠的形状偏差和表面缺陷。珍珠养殖者需要权衡各项影响因素，养殖出性价比高、珍珠层厚薄合适、没有买卖风险而深受消费者喜爱的珍珠。

真正的珍珠占多少

天然珍珠和养殖珍珠的主要物理差异与实际的"珍珠"物质厚度相关，也就是珍珠层的厚度；珍珠层的厚度又与珍珠的大小、形状、外观和持久度有关。

就养殖珍珠而言，珍珠的大小取决于珠核的大小。在养殖珍珠生产中，大的珍珠要植入一粒较大的珠核，小的珍珠则植入一粒较小的珠核。生产一颗大养殖珍珠所需的时间本质上与生产一颗小养殖珍珠的时间相同。

珠核植入通常始于1月份或2月份，11月份则是珍珠收获时间。最大的珠核先植入，这样能使它具有较长的养殖周期；最小的最后植入（有时是在几个月后），它们所需要的养殖周期较短。

养殖珍珠的产出过程始于珠核，小珍珠的珠核较小，大珍珠则拥有一个较大的珠核；但即使是非常小的养殖珍珠，仍然需要花费几年的时间培育软体动物，从而生产出高质量的珍珠。天然珍珠都是珍珠层，没有珠核。由于生长过程通常开始于一个很小的异物进入软体动物体内，所以天然珍珠的大小显示的是珍珠在软体动物体内的时间。小的天然珍珠通常在软体动物体内的时间较短，而大珍珠通常较长。

个体大、质量高的天然珍珠是地球上稀有的珍宝。请记住，在全世界所有可产珍珠的软体动物中，只有一小部分，且在独特的自然环境中，才能生成珍珠。此外，自然界中有很多因素会影响珍珠的品质，不是所有的珍珠都是高品质的、美丽的和有吸引力的。珍珠越大，就越有可能存在缺陷。对于养殖珍珠来说，珍珠在软体动物体内的时间越长，就越有可能在形状、表面形状完美度、珍珠层结晶等方面存在缺陷。而天然产珠贝更不易获得，潜水捕捞天然珍珠一直是非常危险的一项工作，常常以潜水员的死亡告终。潜水员毕生采珠，也只能得到少量的小珍珠。所有已知的好品相天然珍珠，包括著名的历史珍珠，少之又少。

现在世界各地仍有天然珍珠采集活动存在，包括库克群岛、加利福尼亚半岛、波斯湾和美国的河流等；但在大多数地方，天然珍珠的母贝养殖地已被污染。发现或采集罕见的、个体大的和品相佳的天然珍珠对人们具有强大的吸引力，但大多数时候这仅仅是一个梦。一些知名的珠宝公司一直在寻求和获得好的天然珍珠，但这种珍珠比以往任何时候都更稀有。顶级的 15mm 圆形养殖珍珠虽然比天然珍珠常见，但是依然十分昂贵。无论天然珍珠还是养殖珍珠，通常个头越大越值钱。

养殖珍珠时，养殖人员会在软体动物体内植入几粒不同尺寸的母核，从而产生各种不同大小的珍珠。乍一看，这意味着养殖人员可得到期望的任何大小的珍珠，包括大尺寸的，但事实并非如此。在独特环境下，只有一小部分才能产生美丽的高品质的珍珠。实际上，随着珠核变大，优质珍珠收获的数量也会减少。因为母贝在植入后的存活概率降低，更多的母贝会对珠核产生排异，导致收获的珍珠更少。此外，珠核越大，母贝要产出好颜色、好光泽、表面完美和形状规则的珍珠就变得越困难，这意味着珍珠收获率降低。这就是品质好的养殖大珍珠极为少见，以及大珍珠的养殖成本比小珍珠要高的原因。

你可以看到的差别，你看不到的差别

珍珠层的厚度影响珍珠的大小、形状、美观和持久度。天然珍珠是由珍珠质形成，而大多数养殖珍珠则是在珠核上覆盖珍珠层形成。珍珠层越厚，养殖珍珠越漂亮，这取决于珍珠层的结晶方式。

 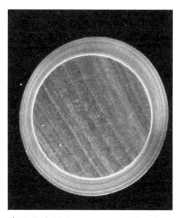

天然珍珠横截面显示出珍珠层的同心圆。

养殖珍珠横截面显示大核（注意核中条带）。

很少有人能够分辨出顶级天然珍珠与具有厚珍珠层的顶级养殖珍珠的差别。在用光照射珍珠表面时，两者都具有丰富、深邃、强烈的光泽，也就是柔润的彩虹色"流彩"，也称为晕彩。

　　总的来说，我们可以通过以下线索来认识天然和养殖珍珠：

　　·相似度　它们非常稀缺且供应有限，特别是随着尺寸增大，天然珍珠的相似度可以忽略。天然珍珠项链通常包含不同尺寸、颜色、形状的珍珠。

　　·颜色　在颜色方面，天然珍珠通常比现在最好的养殖珍珠要柔和。

　　·外形　在形状方面，天然珍珠很少出现真正的"圆形"。而现在的珍珠买家买到的项链上的珍珠似乎都非常圆，令人惊叹。

◉ 偏好"养殖珍珠"可能意识不到自然的珍贵

　　能欣赏到如此罕见、美丽的天然珍珠的买家可能比珍珠本身都罕见，仔细想想，原因不难理解。自然界没有真正的"完美"，就宝石来讲，在过去人们更能接受这样的观点。天然珍珠就是如此。天然珍珠的差异比比皆是，这也赋予其罕见性，人们没有太多可选择的余地。就养殖珍珠而言，数量多，可供选择，人们更容易找到心仪的珍珠。

　　现在主导市场的是养殖珍珠，而我们所期待的某一种珍珠"外观"，这种"外观"通常比天然珍珠具有更好的均匀性、白度、圆度和更大的尺寸，这在天然珍珠中几乎不存在。但具有讽刺意味的是，这种"期待"对天然珍珠的价值产生了负面影响。

虽然天然珍珠比养殖珍珠罕见，但一串"小"天然珍珠的价值远低于更大的养殖珍珠。

我最近看到一个这样的例子：我见到一条华丽、高品质、高匹配度、高亮度且富有光泽的圆形天然珍珠项链。这条非常罕见的项链有34英寸长，包含的珍珠直径在6.7~7.65mm不等（大多数超过7mm），十分均匀。这种天然珍珠项链无论从大小、长度还是质量上来说都十分稀有。

这条项链代表着大自然最珍贵的宝藏。从天然珍珠的角度而言，这些珍珠个头都不算小，但与养殖珍珠相比，就算小的了。不过，6.5万美元的价格也不算低！现在，这样的项链却很难售出，这是因为很少有人能够猜出它是什么珍珠，或者能够欣赏它，知道其重要性。

在养殖珍珠的时代到来前，这样一条项链能立即找到买家，并被它的主人珍惜。而现在，具有讽刺意味的是，即便它非常好（那么白，那么匀称），却经常与养殖珍珠项链混淆，只能以一个低得多的价格卖出去（本身价值的1/10）。人们可能知道一条"好"的养殖珍珠项链值多少钱，但极少有人了解一条天然珍珠项链的价值，尤其是这种尺寸的珍珠项链的价值。让我们面对现实吧！大多数买家在一件首饰上花一大笔钱，是希望别人能认识到它的价值。只有行家会花大价钱购买这种尺寸的项链，即使这条项链可能比养殖珍珠项链的价格低得多，因为他们懂得欣赏这样无价、罕见和美丽的自然瑰宝。我再也没见过有这样长度、质量、匹配度和尺寸且整体十分均匀的天然珍珠项链，我也无法想象能与之相媲美的珍珠项链何时何地被发现。

幸运的是，这种情况已经开始改变。2004 年，在瑞士日内瓦，一条双层天然珍珠项链出现在拍卖行。这条项链所包含的珍珠直径在 8.5~16.3mm，起始价为 300 万美元。2007 年 10 月，一条小得多的双层项链（5.7~11.78mm），也是卡地亚有史以来最好的组装项链，以超过 100 万美元的价格在纽约拍卖。更值得一提的是在 2007 年 4 月，巴罗达珍珠（The Baroda Pearls，一条双层圆形珍珠项链）直径在 9.47~16.04mm，以超过 700 万美元的价格在纽约拍卖，创造了一项新的世界纪录。

这样的价格预示着人们越来越意识到天然珍珠的稀有和珍贵。

🌑 珍珠不均匀？ 可能是自然瑰宝

在养殖珍珠占主导地位的市场中，我们期待珍珠项链能拥有精确的匹配度，而且单颗珍珠具有完美的形状和表面平滑度，不"完美"或匹配度低的珍珠往往被假定为"质量差"的养殖珍珠。天然珍珠有的时候会被错过，因为人们没有意识到所面对的实际上是什么。最近，我在一个拍卖会上按照质量差的养殖珍珠项链的价格买到了一条三层天然珍珠项链。它在目录中被描述为"养殖"珍珠项链，而且由于珍珠直径都不大（直径 4.5~7mm），没有人认为这条项链值得做任何特殊的鉴定。我记得一位珠宝部门工作人员随后说，她不能理解为什么我如此兴奋，她觉得虽然珍珠是天然的，但性价比并不是很高；这里她提到的性价指的是珍珠的尺寸和价值。也许对她来说，这条项链不那么重要，但对我来说它是非常特殊的，它展现出了养殖珍珠中几乎很少见的一个特质。我非常喜欢佩戴它，因为我知道它是真正罕见的。而且，我必须补充，我感谢养殖珍珠营销者创造出这个"养殖珍珠市场"，使得像我这样的人可以获得这样一个罕见的自然宝藏。每次戴上它，我能想象（以前）拥有这样一条项链得多富有和奢侈，我也不知道谁能拥有。

现在的珠宝拍卖会和展销会上，小的天然珍珠项链和包含小天然珍珠的珠宝往往被忽略，原因通常是缺乏均一性。因此，虽然最好的天然珍珠和天然珍珠项链主导了价格，但现在我们仍然可以在拍卖会上和私人手中，以非常有吸引力的价格获得许多较小的天然珍珠。如果你非常想拥有一条罕见的天然珍珠项链（记住，非常均匀的天然珠链很少见），那就请你忽略每颗珠子的均一性。

配有红宝石和钻石扣的天然珍珠项链，是拿破仑三世（Napoleon III）送给欧仁妮皇后的礼物。珍珠大小和形状有差异，其颜色也有明显不同。尽管如此，它仍然被认为是适合皇室的珍贵礼物。

如何从养殖珍珠中挑选天然珍珠

随着人们对天然珍珠的关注增加，以及对祖传的珠宝、古董增值兴趣的提升，人们开始更多地对其进行了解，并分析天然珍珠与养殖珍珠的区别。拍卖会和珠宝评估商手中天然珍珠的价格强劲上升，似乎预示着珍珠收藏的光辉未来。

下面是鉴别天然珍珠和养殖珍珠的一些方法：

· 钻孔检测 如果珍珠已经有钻孔，珠宝商或宝石学家通常可以很容易判定其是否为养殖珍珠。在检查多个珍珠时，你可以用放大镜来仔细观察钻孔（一种珠宝商用的特殊放大透镜），看见珠核与贝壳硬蛋白层之间的划分线，有时还会出现一条深色的线。但这不是所有珍珠都有的，你可能只在特定的某颗珍珠上看到划分线。如果珍珠珠串打结较为紧密（如新串好的项链），你可能要多尝试观察几颗珍珠，才能在珍珠和小结之间找到足够的空间来使用放大镜。如果你能看见这个较暗的区域，就可以确定这一定是一颗养殖珍珠。

> 许多养殖珍珠会通过漂白的方式来去除褐色贝壳硬蛋白；不过，有极厚的珍珠层的养殖珍珠也是看不到这条线的。因此，如果你看不到这个深色区域，还需要进一步测试。

钻孔的大小有时是一个重要指标。非常小的钻孔表明珍珠可能是"天然"的。由于重量可以体现天然珍珠的价值，人们在钻孔时通常十分谨慎，会尽量减小钻孔大小，从而减少珍珠重量的损失，以保持最大价值。

·使用紫外线灯的长波紫外线波段（廉价的"黑灯"就可满足需要）来检查珍珠 当被检测的珍珠钻孔不易观察或无钻孔时，通常人们会使用紫外线来检测未显示任何线的珍珠，紫外线还可以用于分辨天然"黑色珍珠"与人造染黑的珍珠。紫外线法在检测项链或手链时特别有用。在紫外线照射下，白色的养殖珍珠可能会呈现出强烈的乳白色或青白色，而且这种反应会自始至终存在。天然珠串在紫外线照射下，会显现珍珠的颜色强度变化。白色天然珍珠在紫外线下经常会出现棕褐色或淡黄色。自然色黑珍珠（天然或养殖）将发出褐色或红色荧光；如果没有荧光反应（或白垩或参差不齐的黄白色反应），则表示珍珠是染色的。

·使用强光灯或光纤灯检测 将强光以几个不同的方向对珍珠进行直射，并慢慢在珍珠表面移动。以这种方式看的话，有时通过珠核珍珠层可以看到暗的平行线（特别是养殖珍珠很薄的珍珠层）。这些暗的平行线表明珍珠是养殖的。通过这种强光照射方式，你还可能会注意到一些橙色

低质量、薄珍珠层养殖珍珠核横截面的平行分区。此平行分区透过珠母贝珍珠强光检测时可见。

的、形状不规则、大小不一的斑点。这也表明这颗珍珠是养殖珍珠。

·通过 X 射线检测 通过前面介绍的几种方法检测珍珠，可以确定珍珠是不是养殖珍珠，然而，这些测试无法用于鉴定像南洋养殖珍珠或美国淡水养殖珍珠这样未钻孔珍珠和有极厚珍珠层的养殖珍珠。在这种情况下，必须对珍珠进行 X 射线检测。

如果你认为自己拥有的是一串天然珍珠，但又心存疑虑，可以交给一个可靠的宝石鉴定实验室来获取鉴定证书。通常用 X 射线来确认天然珍珠的真实性。如果你购买的珍珠标示为天然，请确保其附带一个可靠的实验室出具的鉴定证书，或者你可以在得到鉴定证书后再行购买。不论珍珠有多么古老、主人是谁或多么值钱，都一定要确定有真实的鉴定证书。

珍珠一定要经过有经验的珠宝鉴定实验室的检测和鉴定。我就知道一些人在牙医或朋友那里对珍珠进行 X 射线检测并得到错误结论，从而付出高昂代价的例子。

养殖珍珠与人造珍珠

现今，珠宝商所说的"真正的"或"真的"珍珠，通常指的是养殖珍珠。这些珍珠就是你在珠宝店看到的，除非另作说明，这也是本书主要阐述的珍珠类型。不过，根据美国联邦贸易委员会的指导方针，术语"真的"和"真正的"只能用于天然珍珠；针对养殖珍珠，则必须加上"养殖"这个词。

人造珍珠与养殖珍珠的区别

天然珍珠和养殖珍珠是由河流、湖泊和海湾中的活软体动物产生的，而且外观也很相似。人造珍珠，即所谓的"人造"珍珠、"模拟"珍珠及最近的"类养殖"珍珠，它们不是由活体动物产生的。在任何情况下，它们都不应该称为"真正"的或"养殖"的珍珠。人造珍珠从来没有在软体动物体内待过，它们是人工制成的圆形玻璃、塑料，或贝壳珠蘸上鱼鳞质和漆（称为珍珠精液），或是一种新型塑料。将它们与养殖珍珠对比一下，通常马上就可以看到区别——最明显的区别之一是光泽。做一个光泽度测试：养殖珍珠的光泽是有深度的，而人造珍珠则没有。人造珍珠通常只有表面"闪光"，但没有内部"发光"。并排观察优质的养殖珍珠和人造珍珠（远离直射光），你就会发现区别。

使用"牙齿测试"鉴别人造珍珠

现在有一些人造珍珠非常令人迷惑，甚至存在部分被误认为是优质养殖珍珠的例子。大多数情况下，一个简单可靠的"牙齿测试"就可以分辨出二者的区别。轻轻沿着牙齿的边缘滚动珍珠（上面的牙齿更敏感，请注意，测试时请不要使用假牙）。养殖珍珠有着温和的摩擦感或沙粒感（像海边沙粒的感觉——珍珠来自海洋），而人造珍珠非常平滑。找一颗养殖珍珠，用这个方法试一次，你就知道两种珍珠的不同感觉。这种感觉你永远都不会忘记。

然而，牙齿测试对于非专业人士在测试毫米级人造珍珠时并不完全可靠。对于专业人员，人造珍珠的外观与养殖珍珠有明显的不同之处；但对于普通人，通过牙齿测试进行判断就有失误的可能。在放大镜下仔细检查，你就会发现高质量的人造珍珠的"精细"表面与养殖或天然珍珠的光滑表面是不同的。经验丰富的珠宝商或者宝石学家可以快速、轻松地给你指出其中的差别。

第4章 不同类型的珍珠：珍珠与气场

历史上从来没有不流行珍珠的时期，现在也不例外。它们可以在任何地方搭配任何风格，你也可以从早到晚都戴着。当你穿运动装时，它们让你显得有趣；当你穿着职业套装时，它们能为你增添"决策"感；当你穿着最迷人的晚礼服时，它们甚至能给你带来一种优雅的感觉。只要一提到珍珠，许多不同的画面可能会出现在你的脑海。比起以往任何时候，现在有更多类型的珍珠供你选择。它们有着各种各样的颜色、形状、大小和价格。根据你的需求，购买珍珠时，你可以花费不到100美元，或者超过100万美元！

有面向"甜蜜16岁"的简单珍珠，有增添婚礼魔力的浪漫珍珠，有给人正式感的经典珍珠，有私人定制珍珠，有标志重要时刻的"重要"珍珠。同样，像钻石、红宝石、绿宝石、蓝宝石一样，也有适合每个年龄段、每一种场合、每一种风格以及每种预算的珍珠。

面对如此多的可能性，从何处着手往往令人不知所措，但其实大可不必如此。关键在于知道选择什么类型的珍珠，如何比较、辨别它们的质量。

由于产出珍珠的牡蛎不同、珍珠所处环境各异，以及养殖技术不同，通常可以划分为海水养殖珍珠和淡水养殖珍珠两类。如果按照颜色进行分类的话，可以分为白色珍珠类（珍珠颜色范围从粉红到银白色、黄白色等）和彩色珍珠类（其中最著名的如黑色养殖珍珠，深黄色和金色的养殖珍珠）。还可以按照圆度和形状进行分类，从形状上来说，巴洛克珍珠就是不圆的珍珠。就

有着各种各样的颜色、形状和大小的养殖珍珠。

巴洛克珍珠而言，又可以分为对称和不对称两种。与圆珍珠比起来，有的对称巴洛克珍珠可能非常昂贵，而不对称的巴洛克珍珠通常比圆形养殖珍珠更便宜。

在这一章，我们将从总体上对这些不同分类的珍珠进行讨论。在第四部分第8章，我们将探讨世界领先的珍珠产地，并对所产出的珍珠进行比较。

海水养殖珍珠

如今，世界上有许多地方都通过养殖产珠牡蛎来养殖海水珍珠，包括澳大利亚、中国、库克群岛、斐济、法属波利尼西亚、印度尼西亚、日本、韩国、马来西亚、墨西哥、菲律宾、泰国和越南。其中最有名的白色珍珠是日本"AKOYA"珍珠（经典的圆形）和大一些的南洋珍珠。在彩色珍珠中，最著名的是来自大溪地（Tahiti）（又译塔希提）和库克群岛的天然黑色养殖珍珠。

19世纪50年代，养殖珍珠指的就是日本的"AKOYA"珍珠，御木本拥有大部分的牡蛎养殖场（大约1200万只牡蛎），世界上约75%的养殖珍珠都由其供应。然而，自进入20世纪60年代以来，养殖珍珠的生产逐渐扩展到日本其他水产养殖者和世界其他地方。

虽然珍珠在海水或淡水软体动物中的养殖过程基本上是相同的，但对圆形养殖珍珠而言存在着一个重要的区别：养殖淡水爆米花形珍珠时需要单独植入一块覆盖组织，而养殖圆形珍珠时除了覆盖的组织外，还需要植入一粒圆形的珠核。外部植入后，很多母贝会出现排异或死亡，余

经典白色圆形 AKOYA 养殖珍珠，由 M. 近藤（M.Kondo）设计的获奖胸针。

下的母贝也有可能会在收获前死亡。只有 30%～35% 的牡蛎会产出珍珠，而产出的珍珠只有非常小的一部分能达到优良品质。

海水养殖珍珠价格高于淡水养殖珍珠。可以想象，海水养殖珍珠的成本和存在的风险更大。它们比大多数淡水珍珠养殖成本更高，尽管美国淡水养殖珍珠的生产成本也很高（见第四部分第 8 章）。成本高是因为为了获得和制造圆形珍珠的珠核，需要支付技术熟练的养殖人员酬劳，收集和养殖数量巨大的幼年牡蛎以确保成熟牡蛎的数量。只有拥有足够数量的牡蛎，才能更好地保证珍珠产出的数量和质量。

然而，造成成本差异的最重要原因与珍珠产出的数量有关，简而言之，由供给和需求决定。单只海水牡蛎通常只能生产出一颗或两颗大珍珠。在美国淡水养殖珍珠生产过程中，一只牡蛎一次只能生产 1~5 颗珍珠。相比之下，在中国和日本，一只淡水贻贝一次可以产出 40~50 颗珍珠。

天然淡水珍珠

世界上最珍贵和最美丽的珍珠都是天然淡水珍珠，非常昂贵，价格甚至可以与天然海水珍珠相媲美。比起天然海水珍珠，淡水珍珠通常更白，光泽往往更强烈，罗马人特别喜爱这种珍珠。据说，罗马军团曾经冒险入侵英格兰的唯一原因，是为了寻找在苏格兰发现的罕见粉色淡水珍珠。

淡水养殖珍珠

淡水养殖珍珠生长于湖泊和河流的淡水蚌中。最著名的淡水养殖珍珠之一是日本琵琶珍珠（以日本琵琶湖的名字命名），其形状通常为椭圆形、桶形和硬币形。虽然术语"琵琶"应该仅用于从日本琵琶湖出产的淡水珍珠，但通常也用来指代其他地区的淡水珍珠；由于几乎所有的优质淡水珍珠都在日本琵琶湖出产，"琵琶"已成为几乎所有淡水珍珠的一个通用标签。不幸的是，日本琵琶湖的珍珠现在几乎已经停产，而中国淡水养殖珍珠被送往日本，并作为"琵琶珍珠"出售。

如今，许多国家都在养殖淡水珍珠，占主导地位的主要是美国、日本和中国。通常使用蚌形软体动物来进行淡水珍珠养殖，且养殖过程大多不需要壳核。相反，人们采用覆盖组织移植技术来激活珍珠囊以便大规模生产。养殖淡水珍珠所用的珠蚌通常要比生产 AKOYA 珍珠所用的大。因此，单个软体动物可以产出多达 50 颗珍珠。以这种方式养殖的珍珠通常个头很小、细长，且非常便宜。然而，从本质上说，由于只使用覆盖组织，它们完全是由珍珠层构成的。优质淡水珍珠非常可爱，也更值钱。它们能以各种各样的颜色和形状出现。根据珍珠品质不同，其光泽度或高或低。日本和中国是这类珍珠的主要产地。

然而，淡水养殖珍珠的外观正在发生变化。现在产出的通常直径在 7~9mm，是非常可爱的圆形全珍珠层淡水养殖珍珠。在某些特定情况下能生产出直径 15mm 的珍珠，最好的甚至可以与罕见、昂贵的南洋养殖珍珠相比。圆形淡水珍珠养殖涉及更复杂的技术，包括植入工序。现在虽然珍珠生产过程中使用了许多种技术，但是真正使用的技术严格保密。一些牡

淡水蚌中含有大约 30 颗淡水珍珠。珍珠收割后，这个珠蚌将放回到水中进行下一次珍珠生产。

使用罕见的 X 形琵琶湖珍珠
制作的项链。

蛎包含由覆膜组织或由便宜的全珍珠层（爆米花形淡水珍珠）构成的圆形植入物。这些牡蛎生产出的就是全珍珠层的圆形珍珠。其他一些牡蛎包含贝珠，可以生产出类似海水珍珠的品种。不幸的是，当你在购买珍珠时，无法确定珠核是什么类型。所以在你购买昂贵且又大又圆的淡水珍珠时，我们建议交给实验室进行珍珠层厚度测定，以防买到有珠核的类型。

　　中国是可爱珍珠的主要产地，不过，日本也已经开始在霞浦（Kasumiga）湖生产光泽强烈的粉色圆形淡水养殖珍珠，它们的名字由此得来——霞浦养殖珍珠（见第四部分第8章）。我们也希望在不久的将来看到大量的圆形美国淡水养殖珍珠产出。圆形淡水珍珠比其他类型的淡水养殖珍珠更昂贵，但通常比少见的圆形海水珍珠便宜。

　　跟天然珍珠一样，养殖淡水珍珠也会有许多有趣的形状。事实上，出产于密西西比河和其他附近的河流和湖泊的天然"天使之翼"珍珠是非常具有收藏价值的。淡水珍珠养殖商也会养殖一些特殊形状（如十字形、条形和硬币形）的珍珠。这些被称为"花哨"的形状。

淡水珍珠有着各种各样的颜色（颜色比圆形海水珍珠更多），这也赋予了其独特的魅力。其颜色由浅至深，包括暗橙色、淡紫色、紫色、紫罗兰、蓝色、玫瑰色、灰色等。颜色不寻常的天然大颗淡水珍珠非常昂贵。无论是天然淡水珍珠还是养殖淡水珍珠，都有可能是染色的。所以在购买淡水珍珠的时候，请一定要询问颜色是不是天然的。

淡水珍珠的另一个有趣的特性是可以单独佩戴，也可以颜色交替搭配佩戴；可以直接佩戴，也可以扭曲成独特的样式进行佩戴。除了多种颜色可供选择，绝大多数养殖珍珠价格低廉，人们可以购买多条珠串，并搭配出各种不同风格。

🔘 美国淡水养殖珍珠

典型美国风格

世界上没有其他任何地方出产的珍珠跟美国淡水养殖珍珠相类似。它们并不是我们所认为的典型的圆形白色珍珠。它们只存在于美国的河流和湖泊的软体动物体内，由于养殖方法截然不同，有着独特的外形。田纳西州是这些美国"美人"的主要产地，也是世界其他地区用于制造有核养殖珍珠的贝珠来源地。

美国淡水养殖珍珠是利用经多年发展形成的非传统淡水

养殖技术培育而来的。与其他淡水养殖珍珠相比，最明显也是最重要的区别在于采用像海水养殖珍珠一样的珠核植入方式。虽然依靠的是淡水软体动物，但结合非传统的珠核植入方式，就生产出外观与其他养殖珍珠明显不同的美国淡水养殖珍珠。

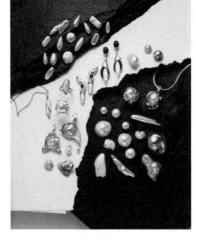

美国淡水养殖珍珠。

　　与生产其他养殖珍珠相比，生产美国淡水养殖珍珠时，珍珠在软体动物内待的时间要长得多。比起大多数海水养殖珍珠不到 12 个月的培育时间，美国淡水珍珠需要花费 3~5 年的时间，这也使得它的珍珠层比其他珍珠更厚，并拥有只在最优质的海水养殖珍珠和天然珍珠中所呈现的光泽度与晕彩。

　　另一个重要区别在于美国淡水养殖珍珠不会经过染色、漂白或抛光等人工处理（见第三部分第 6 章）。这也使美国淡水养殖珍珠在许多方面比其他类型的养殖珍珠更像天然珍珠，包括寿命；美国淡水养殖珍珠的美丽色泽持续时间比大多数现在生产的海水珍珠还要长。当然，这也意味着与天然珍珠一样，它们在颜色、形状和表面洁净度等方面会存在明显差异，因此匹配起来也会更加困难。这些珍珠是为那些能够欣赏和珍视大自然造物时所产生的微妙差异的人而存在的。

虽然美国淡水养殖珍珠比海水养殖珍珠便宜，但成本却高于其他大多数淡水养殖珍珠。美国淡水养殖珍珠有其他类型珍

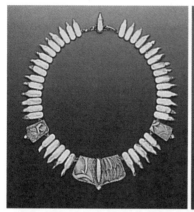
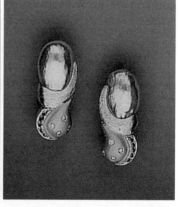

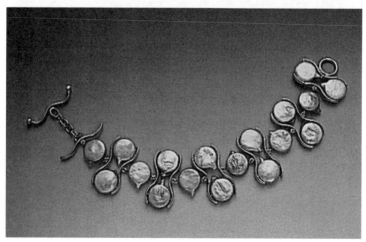

用美国淡水养殖珍珠制成的独特珠宝：左上图是一条由棒形和鱼雷形珍珠制成的项链；右上图是一对美国风格的"凸面宝石"，为最新的美国风格作品之一；下图是一串硬币形珍珠制成的手链。

珠所没有的独特形状，例如硬币形、棒形，以及类似于马贝珍珠的圆穹顶形。

巴洛克珍珠

大多数人都认为巴洛克珍珠是珍珠的一个品种，其实"巴洛克"这个词实际上指的是珍珠的形状，而不是品种。在此，我们可以简单地介绍一下。最罕见的珍珠通常都是圆形的，高品质的圆形珍珠价格不菲。从专业角度来说，任何非圆形的、有着有趣的不规则形状的珍珠都可以称为巴洛克珍珠。它们既可以由海水软体动物产出，也可以由淡水软体动物产出；既可以是天然的，也可以是养殖的。

巴洛克珍珠具有非常美丽的色彩和耀眼的光芒，这是由珍珠层中的"池"（指巴洛克形状创建的一个区域，在这个区域中珍珠层可以聚积，并且比珍珠的其他部分更加深入）所形成的，同时也构成了一种独特吸引力。巴洛克珍珠不应与仅仅"不圆"的珍珠（这是人们最不想要的形状）混淆。巴洛克珍珠有两种——不对称和对称。

·**不对称巴洛克珍珠** 不对称巴洛克珍珠由于具有独特、不规则的形状，比起对称巴洛克珍珠更常见，且价格便宜得多。它们具有吸引人的价格和有意思的特征，再加上通常尺寸较大，提升了无数设计师和珍珠鉴赏家的想象力。如今它们非常受欢迎。

一条拥有一颗华丽的澳大利亚南洋巴洛克珍珠的独特项链。

高度对称的梨形珍珠和廉价的不规则泪滴形巴洛克珍珠。

· 对称巴洛克珍珠

虽然我们常将椭圆形或泪滴形等珍珠划分在巴洛克珍珠这一类中（因为不是圆形的），但由于稀有度、外形的对称性以及自身的完美程度不同，一对对称的巴洛克珍珠可能和最圆的珍珠价值一样，甚至超过圆形珍珠。

纽扣珍珠是一种由海水或淡水软体动物产出的天然对称珍珠。养殖纽扣珍珠主要是由生长在海水里的牡蛎产出，但市场上也有一些来自中国的淡水养殖纽扣珍珠。人们因纽扣珍珠奇特、有趣的形状而去寻找。它们有着平坦的底部和圆形的顶部，就好像天主教皇所佩戴的

纽扣珍珠。

一颗有趣的烤鸡造型
的巴洛克珍珠。

南瓜形状的帽子。它们可以用于制作讨人喜欢的耳环和戒指，
价格也比圆形珍珠低。不过由于形状、尺寸以及其他一些因素
不同，价格也可能变得很高。

🔮 不同种类的海水珍珠和淡水珍珠

形状、大小不一的马贝珍珠。

马贝珍珠

马贝珍珠是一种半圆形珍珠，形状各异，其中较为常见的形状有圆形和梨形。相比其他珍珠而言，马贝珍珠虽然便宜，但有着更吸引人的外形。然而，它们也更易碎，因此在佩戴和加工时要多加小心。

马贝珍珠是通过将一块半球形的塑料插入贝壳内壁后组合而成的。在插入完成后，牡蛎会在这块塑料上不断包裹珍珠层，将产生的珍珠从贝壳上分离出来，同时将塑料移除（因为塑料不会黏附在珍珠层上）。接下来，先是用环氧树脂填充剩下的空心珍珠层"气泡"，再贴上珍珠母。

马贝珍珠并不像水泡珍珠那样持久耐用，因此我们在佩戴或者处理马贝珍珠时要格外小心。为避免划伤，请一定记住用柔软的布将它们包起来，并且与其他珠宝分开存放。

我们在选择马贝珍珠时，非常重要的一点是一定要选择那些拥有较厚珍珠层的珍珠。我们可以从珍珠的光泽度来进行选择判断。如果珍珠呈现非常柔和的彩虹色和较高的光泽度，通常表示这些珍珠拥有更厚的珍珠层；而如果珍珠呈现苍白的颜色，则表示珍珠层较薄。对马贝珍珠来说，珍珠层越薄，也就越脆弱——如果珍珠层太薄，珍珠就会很容易开裂或者脱落。用马贝珍珠制作的耳环和戒指很受人们喜爱和欢迎，但是相比其他珍珠而言，马贝珍珠更易碎，因此我们并不推荐用它们来制作戒指。

固体水泡珍珠

水泡珍珠（例如美国穹顶珍珠）是一种类似于马贝珍珠的半圆形珍珠，但它们并非组合而成的，而是在美国田纳西州的淡水湖中养殖培育出来的。水泡珍珠有几种不同的形状。珍珠被移除后，由于保留下来的珍珠衬不同，在珍珠母上留下了不同形状的边界，所以它们有着自己独特的外形。这些珍珠外表光泽度高、色泽分明，同时呈现出五彩缤纷的颜色。虽然它们比马贝珍珠更昂贵，但更持久耐用。

英伦·贝尔（Ellen Bear）设计的获奖胸针，中间为美国穹顶珍珠。

子珠和吉树珠

子珠是一种非常小的圆形天然珍珠，直径通常在 2mm 以下。如今，子珠已经非常罕见，只能在古董首饰珠宝中见到。有时为了保证需要大量珍珠的特别珠宝设计能够创作，或者为了去除珍珠自身的瑕疵和畸形部分，我们会将子珠一分为二，这些半圆珍珠要比完整的子珠便宜。淡水软体动物和海水软体动物均可以产出子珠。

吉树珠，也被称为运气珍珠，是一种非常有意思的珍珠。大部分吉树珠为巴洛克式，是海水珍珠牡蛎养殖过程中意外产生的。有时候，牡蛎会排斥珠核植入物，但是附着在珠核表面的外套膜组织颗粒留在体内，这些外套膜组织不断刺激牡蛎生产珍珠质，从而形成了我们所见到的奇妙又有趣的吉树珠。

从本质上来说，吉树珠虽然跟天然珍珠一样，但不同寻常的地方在于所有的珍珠层都是纯天然的。在专业人士中，吉树珠能否被称为天然珍珠还

来自路易十六的子珠项链，包含超过12.5 万颗子珠。

存在着非常激烈的争议。因为它们更多的是养殖珍珠时出现的意外产物，而不像野生天然珍珠那样更具价值和稀有性；从这个角度来看，叫它们"天然"珍珠是容易令人误解的。但无论怎么称呼它们，与天然的巴洛克珍珠相比，它们在任何方面都毫不逊色。日本产的吉树珠通常个头很小。"Keshi"这个词实际上来自日语，代表细小的颗粒，但微小的吉树珠可能会跟天然子珠混淆。有一段时期，由20~50颗甚至上百颗吉树珠穿起来的项链并不少见，这些珍珠被如此微妙地连接在一起，看起来就如同丝织品般顺滑。它们稀少且昂贵，有的时候，为了穿成某些珠串，甚至需要花上10年时间才能收集到足够数量的珍珠。在利用自动化技术来收获珍珠的今天，吉树珠却不见踪影。

如今，凭借着更大的尺寸（直径一般在9~10mm，有时更大），南洋吉树珠吸引了众多收藏家的目光。大多数南洋吉树珠形状是不规则的巴洛克式，偶尔也会出现一些真正圆形或者对称的形状。南洋吉树珠有着许多不同寻常的形状，多数是长圆形的，设计师以此作为个性首饰创作的灵感来源。它们颜色各异，从银白色到奶油色、灰色到黑色、黄色到金色，甚至有些还呈现淡紫色和紫丁香色色调。南洋吉树珠最突出的特点之一，是具有非常强烈的光泽感和五彩斑斓的颜色，比起平日所见到的最好的圆形养殖珍珠要好看得多。

吉树珠在欧洲和中东地区都非常受人欢迎。穆斯林格外喜欢吉树珠，认为它们和天然珍珠一样是纯天然的产物，但比天然珍珠价格更低廉。

令人惋惜的是，日本和南洋的吉树珠生产都在慢慢减少。在自然情况下，牡蛎只会产生一定数量的珍珠层。吉树珠的产生需要消耗珍珠层，这就使得由同一个牡蛎生产的养殖珍珠所能获取的珍珠层变得更少。这也意味着随着吉树珠的产生，会相应减少优质圆形养殖珍珠的产量。因此，珠农一直在努力提升养殖技术，以减少吉树珠的产生。他们成功减少这些"机会"珍珠的数量时，也就减少了吉树珠的数量。可以预见的是，在未来几年里吉树珠数量将会变得更加稀少，这一点引起了鉴赏家的密切关注。如果你也渴望拥有自己的吉树珠项链，请不要再等待，这些珍珠有一天也会变成"明日黄花"。

有些珍珠买卖商人把某些纯天然的中国淡水珍珠也称为吉树珠，但实际上并不是，它们缺乏稀有性，也达不到吉树珠的价格。

螺纹珍珠

我们把表面环绕着同心圆的珍珠，称为螺纹珍珠或者环形珍珠。任何种类的珍珠表面都有可能环绕同心圆。螺纹珍珠就是这样一种既有趣又奇特的珍珠——从上到下环绕着数不清的同心圆。螺纹珍珠的形状通常是

白色南洋养殖螺纹珍珠。

近圆形或者巴洛克式的，但它们比圆形珍珠或者对称巴洛克珍珠便宜。螺纹珍珠（尤其是那些产自南太平洋的螺纹珍珠）有着一种独特的魅力，它们有着各种不同的颜色，从白色、灰色到黑色，甚至紫红色，因此常常被运用在珠宝设计中。珠宝艺术设计师在进行创作时，常会把螺纹珍珠当作一种奇妙而大胆的选择。

半圆珍珠

半圆形珍珠（不要与前面介绍的马贝珍珠相混淆）通常很小（直径 2~3mm），是为了做边缘装饰而将整颗珍珠一分为二制成的；通常将它们作为配石，在浮雕四周或主要宝石的周边环绕镶嵌，起到装饰作用。它们物美价廉，并可带来一种可爱的效果。

馒头珠

馒头珠虽然给人留下一种圆形珍珠的印象，但它实际上并不是真正的圆形。它们可以是天然的，也可以是养殖的；可以是淡水珍珠，也可以是海水珍珠。

你很难确定所拥有的是一颗正圆的珍珠还是一颗馒头形珍珠，因为它们通常镶嵌在底托中，并给人一种正圆珍珠的错觉。

馒头形珍珠可以在两种情境中产生：通过把一个 3/4 圆

珠核（类似于马贝珍珠，这种方式也是将把圆珠核扁平的一面靠在软体动物的壳上，但不同的是珠核是实心而非空心）插入贝壳内部，或者把一颗为消除缺陷或不完美形状而切掉一部分的圆形养殖珍珠插入贝壳内部，它们在贝壳内部某一边生长，形成馒头形固体养殖水泡珍珠。跟其他养殖珍珠一样，它们的颜色和尺寸不一——通常直径在 8~15mm，呈现各种不同程度的光泽。馒头形珍珠比圆形珍珠要便宜得多，在相同价格下，有些人会更倾向于选择更大的馒头形珍珠而不是真正的圆形珍珠。

请对任何镶嵌在底托且价格特别优惠的大珍珠保持警觉，它可能是一颗馒头珍珠。这种方式常见于耳环制作中。

前面我们介绍了海水珍珠与淡水珍珠的区别，接下来从养殖珍珠的大类来分别介绍，主要分为"AKOYA""南洋珍珠""黑珍珠"三种。例如，我们可能会见到 AKOYA 纽扣珍珠和南洋吉树珠等。

AKOYA 珍珠

人们只要提起"珍珠"二字，脑海中总会马上浮现出一种富有光泽的、圆形白色的珍珠形象。AKOYA 珍珠是由马氏珠母贝生产的（也叫合浦珠母贝）。人们对 AKOYA 珍珠充满渴望，因为比起大多数其他珍珠，最好的 AKOYA 珍珠往往拥有更理想的圆形形状，并散发出绚丽的光泽。遗憾的是，对那些喜欢大珍珠的人而言，他们很少能遇见直径超过 10mm 的 AKOYA 珍珠；即使超过了 10mm，其高昂的价格也只能让人望而

优质 AKOYA 珍珠。

却步。AKOYA 珍珠最早起源于日本——现在仍是世界上最好的 AKOYA 珍珠产地。同时，中国已经成为 AKOYA 珍珠的主要产地。

南洋珍珠

南洋珍珠是一种体型较大的白色豪华珍珠，常被人称为养殖珍珠中的"女皇"，由叫作大珠母贝的牡蛎生产出来。如今，这种牡蛎生产的所有珍珠都被称作"南洋珍珠"。它们大部分在澳大利亚、印度尼西亚和菲律宾的水域中培育。缅甸曾经以能生产出罕见的、最好的和最有价值的"南洋珍珠"而闻名于世。最好的缅甸养殖珍珠一度拥有丝绸般的光泽并呈现出漂亮的粉白色，这是任何其他南洋珍珠所无法比拟的。这些缅甸养殖珍珠还会在私人收藏或者拍卖会中出现。

近年来，由于缅甸复杂的政治局面，珍珠养殖工人人数减少，质量控制受到扰乱，缅甸珍珠的品质不断下降。如今，缅甸珍珠已不再像以前那般耀眼，与其他南洋珍珠相比不再具有优势，还常常与它们混杂在一起进行买卖交易。

生产南洋珍珠的牡蛎比普通日本牡蛎要大得多，大多直径达到 1 英尺，有些甚至更大。如今，好的南洋珍珠总是很少见且很昂贵，重要的原因之一是生产南洋珍珠的牡蛎是一种非常罕见的野生牡蛎，而且也无法保证其稳定的供应（用于生产其他种类珍珠的商业产卵方式在这里不是很成功）。南洋珍珠的尺寸通常从 10mm 开始并往上增加，平均直径在 10~14mm。若直径超过 16mm 的话，就可以认为是非常大的珍珠了。比起其他珍珠，南洋珍珠所需要的养殖时间更长，同时珍珠层也更厚。比起它们的日本"对手"而言，这意味着它们通常不会呈现那么完美的圆形，尺寸也会小一些。即使这样，它们还是非常漂亮和昂贵的。最少见、最昂贵的珍珠颜色是暖粉白色，银白色的南洋珍珠同样很昂贵，但需求量更大。此外，还存在着黄白色的南洋珍珠，但这些珍珠就不那么受欢迎了，也便宜得多。而拥有"花哨"的黄色（真正的黄色，绝不会跟白色或黄白色混淆）和其他各种色调——包括金色色调的南洋珍珠，也非常受人追捧。品质优良的南洋珍珠很稀缺，而且比其他珍珠要昂贵，但它们拥有比其他任何海水养殖珍珠都厚的珍珠层，并且能世代相传。

黑珍珠

黑色养殖珍珠是天然存在的大珍珠，颜色从灰色到黑色，直径通常在 8mm 以上，平均直径在 11~12mm。只有极少数黑珍珠直径能达到 20mm。从专业角度来说，黑珍珠是一种南洋珍珠，由南太平洋潟湖的一种特殊的珠母贝牡蛎——马氏珠母贝生产。马氏珠母贝是一种大型黑唇牡蛎，平均尺寸可以达到10~12 英寸，同时也是第二大生产珍珠的牡蛎（最大的是大珠母贝，生产大颗南洋白珍珠和金珍珠）。马氏珠母贝盛产于法属波利尼西亚地区的潟湖区域，但在某些特定地区，人们偶尔也能见到它们的身影。大溪地是世界上最大的天然黑珍珠产地（这就是黑珍珠通常也被称为大溪地珍珠的原因）。库克群岛也是非常重要的黑珍珠产地。近年来，越南也开始养殖天然黑珍珠。

需要注意的是，高品质天然黑珍珠通常是很罕见且昂贵的，因此请不要将它们与人工着色的黑珍珠相混淆。

黑珍珠世界的新成员——养殖珍珠面临的挑战

一种令人兴奋的天然黑珍珠进入人们的视线并且引起了轰动！这种黑珍珠需要通过雕刻的方式来呈现出一种与珠核的彩色宝石形成的鲜明对比色。与大家百余年来的一贯做法不同，这种技术使用的是产自淡水蚌壳的白色珍珠——这些珍珠包含一种彩色宝石，以此作为珠核。目前所用到的彩色宝石包括黄水晶、紫水晶和天蓝色绿松石。这些宝石的颜色与黑色珍珠层表面颜色形成强烈对比，构造出令人惊叹的组合。

这个养殖珍珠界的可爱新成员是由一位名叫黄奇·加拉泰亚（Chi Galatea Huynh）的年轻越南艺术家创造的，他致力于通过雕刻珍珠来突出天然之美。有一天，黄在雕刻一颗来自大溪地的黑珍珠时，由于用力过猛，刻得太深，使得珍珠里面的白色珠贝露了出来。他为损坏了一颗美丽的珍珠而感到遗憾，同时，这也给了他一个新的启发。他喜欢上了这种强烈的颜色对比，并且开始考虑其他材料是否也可以用来培养黑珍珠。他跟黑珍珠养殖商沟通了这一想法，却被告知那是不可能的，但他并未放弃，而是回到了越南，开始养殖马氏珠母贝，并在法国朋友约翰·里尔（John Rere）和布鲁诺·巴切尼斯（Bruno Bachenis）的帮助下，开始尝试用各种不同的材料作为珍珠的珠核。然而，当地珍珠养殖户并不看好他的尝试，坚持认为他所做的一切都是不可能的，养殖珍珠只能由来自贝壳的珠核形成。

数百年来，人们在培育圆珍珠和采用不同物质做珠核的道路上不断尝试，却不断失败。终于，御木本和其他早期先驱成功了！他们确定需要采用何种物质作为珠核——连着一片外套膜组织的贝珠——对这项成功起着至关重要的作用。从没有人成功地通过海水牡蛎利用除贝珠外的物质培育出圆形珍珠。但是黄并没有放弃，他最终实验成功并且从此创造出这种不同寻常的美丽珍珠。

人们称这些雕刻的黑珍珠为"慈悲的珍珠"，现在可以利用黄水晶、淡紫色到紫色的紫水晶和天空蓝绿松石培育出来。相信在不久的将来，人们利用其他宝石生产珍珠也将成为可能。有的珍珠还会用钻石作为珠核，为这些感性的产物更添闪亮的元素！

虽然黄不会透露他的秘诀，他已在前人未曾成功的领域取得了突破。他挑战了关于珍珠形成方式的传统思维，也为勇于尝试的人打开了继续前行的大门，让我们拭目以待，看看他的探索将会走向何方。

金色珍珠

金色珍珠是一种南洋珍珠，主要产自菲律宾和印度尼西亚。和白色南洋珍珠一样，天然金色珍珠也是由大珠母贝生产的——金唇牡蛎。这些珍珠个头很大，直径范围 8~16mm，颜色从浅黄色到金黄色。深黄色、金色珍珠是非常罕见和昂贵的，但需要注意的是，这些令人着迷的珍珠颜色都是经过人工处理得到的。除了颜色处理外，还有许多其他用来提升整体外观和光泽度的方法。珠宝鉴定实验室可以检测出珍珠颜色是人工处理的还是天然形成的，因此，我们强烈建议大家在购买黄色或者金色珍珠前，先获取实验室鉴定文件再做决定。

来自深海的独特珍珠

虽然由海水牡蛎和淡水蚌产生的珍珠层珍珠是本书的重

点，除此之外，珍珠也可以由扇贝、蛤蜊和蜗牛产生。如鲍鱼珍珠、单壳软体动物产生的珍珠层珍珠，以及一些由双壳软体动物产生的最美丽也最受欢迎的无珍珠层珍珠，如穿蛤珍珠、狮爪扇贝珍珠。海螺珍珠和美乐珠则来自独特的蜗牛壳。

这些不同寻常的珍珠看起来很精致。品质好的深海珍珠很罕见且值得拥有。但如果在谈论天然珍珠的时候不提及它们，即使很简要，那也是不完整的。

鲍鱼珍珠——独特的天然珍珠

鲍鱼珍珠是最美也最不寻常，同时又最罕见的珍珠之一。不像其他海水珍珠，生产这些珍珠的鲍鱼就是我们在餐馆中见到的那些。但实际上，人们对鲍鱼肉的需求导致了鲍鱼贝严重消耗，使得鲍鱼珍珠更加稀少。

鲍鱼会产生色彩艳丽、晕彩明显的珍珠层，也会产生在镶嵌或制作贝壳首饰过程中备受褒奖的珠母层。就跟鲍鱼壳一样，鲍鱼珍珠通常具有非常美丽的颜色和明显的晕彩。

鲍鱼珍珠是一种真正的珍珠（由许多同心珍珠层构成），并不是由双壳软体动物产生的，而是由耳朵形的单壳软体动物产生的（只有单层壳的软体动物，如蜗牛）。如果你认为"珍珠"必须由双壳软体动物产生的话，那么，从专业的角度来说，鲍鱼珍珠并不是一种真正的珍珠。从另一角度来说，如果真正珍珠的决定性因素是由交替层叠的珍珠层所带来的柔和光泽和彩虹光晕，毫无疑问，鲍鱼珍珠是一种真正的珍珠。无论人们评判真正珍珠的标准是什么，鲍鱼珍珠都是美丽又罕见的宝石，备受世界各地顶级珠宝设计师和收藏家的追捧。

绝大多数鲍鱼珍珠都是天然珍珠，有着快速增长的收藏市场，多数位于美国太平洋海岸，同时在日本、新西兰和韩国也有出现。随着美国、日本、韩国和新西兰各地对养殖技术的研究进步，养殖鲍鱼珍珠的市场正在兴起。曾经加利福尼亚北部地区和新西兰也是珍珠的主要产地，其生产仅限于马贝珍珠。

每一颗鲍鱼珍珠在外形上都是独一无二的。世界上存在着96 种不同的鲍鱼，这些鲍鱼的外壳颜色、大小和生长速度存在差异。这些不同表现在所产珍珠的颜色、大小和形状上，同时也赋予了每一颗鲍鱼珍珠独特的个性。

最稀有、最昂贵和最受赞誉的鲍鱼珍珠是那些呈现出丰富的红色或孔雀蓝和绿色色调的珍珠。非常具有代表性的是，大多数鲍鱼珍珠都包含着一部分褐色或者变色区，这通常不会对价值有太大的影响。产自新西兰的养殖鲍鱼马贝珍珠能够表现出这些强烈的颜色，但有些是经过人工增强处理的。产自加利福尼亚北部的鲍鱼珍珠所呈现的颜色是未经人工处理的，同时也更微妙、柔和，有着蓝色、绿色、红色与珍珠自身米色或者灰色的过渡。有些人更喜欢那些生动、具有异国情调颜色的珍珠，而另一些人觉得柔和、中性的土色色调珍珠更为经典。

形状不同是天然鲍鱼珍珠的又一特点。多数鲍鱼珍珠都是巴洛克式的，形状非常引人注目，同时也增添了它们的魅力。

它们有些是细长的球状，有些是光盘式的，还有些是喇叭形或者齿形，说来也怪，许多甚至是空心的。养殖鲍鱼珍珠大部分都是圆形马贝珠，但往往在收获时会保留所附着的部分壳，露出漂亮的珍珠母外衣层，此外，还能切割成其他不同的形状，比如梨形。

光泽度越高，晕彩（"珍珠光泽"）越明显的珍珠往往越少见，价值也越高。表面是否光滑、是否有瑕疵也是非常重要的因素，但请记住，实际上要找到一颗毫无瑕疵或者形状对称的天然鲍鱼珍珠几乎是不可能的，正圆形或者球形的天然鲍鱼珍珠几乎从未听说过。在挑选珍珠时，要选择那些珍珠层生长时在珍珠表面下未出现凹陷的珍珠。对养殖鲍鱼马贝珍珠而言，来自新西兰的品种往往比加利福尼亚的品种瑕疵更多。加利福尼亚珍珠通常有着光滑的表面和更厚的珍珠层，而且尺寸也更大。

对鲍鱼珍珠而言，高度的珍珠光泽和晕彩、激发想象力的形状都至关重要，与其他珍珠一样，它的尺寸也无法忽视。多数鲍鱼珍珠为鹅卵石大小，但有的也能达到相当大的尺寸。一颗重达 471.1 克拉的鲍鱼珍珠可能是世界上最大的珍珠，但它是棕色的，而且品质不高。

一旦见过鲍鱼珍珠，你绝不会将其与其他珍珠混淆。人们对于评价鲍鱼珍珠的好坏并没有十分清晰、明确的规则，总体上跟评价其他种类珍珠的因素一样——颜色、光泽、形状、瑕疵、表面光洁度、珍珠层厚度和尺寸（参见第三部分第 5 章）。

完美的鲍鱼珍珠几乎不存在，但如果找到一颗接近完美的鲍鱼珍珠，其价格将会特别高昂。几年前，一位太平洋海岸潜水员发现了一颗品质优良的楔形鲍鱼珍珠。它重达118.57 克拉，本体呈现出强烈的绿色，具有丰富的晕彩，毫无瑕疵。这是一颗非常罕见的宝石，曾估价超过 1.4 万美元。

🦪 可收藏的无珍珠层天然珍珠

无珍珠层珍珠内部缺少一层又一层结晶碳酸钙与壳基质层叠形成的结构，这些结晶碳酸钙就是我们所熟知的"珍珠层"，会产生特有光泽和晕彩。无珍珠层珍珠也是由碳酸钙形成的，但通常结构是纤维状的，这使得它的外观与其他珍珠有所不同。大多数无珍珠层珍珠比较暗沉，颜色发白，没有吸引力，并且没有市场价值。但也有例外，有的珍珠可以由漂亮的狮爪扇贝或一种产自新英格兰州、被叫作帘蛤的普通硬壳蚌产生。它们还可以由海螺产生，比如大凤螺和美乐海螺。

狮爪扇贝珍珠

产自狮爪扇贝（学名 *Nodipecten subnodosus*）的天然珍珠是一种不为人知的珍珠，同时也是罕见的天然珍珠，所以很难将它进行归类。有一些狮爪扇贝珍珠成了最近宝石学研究的焦点，并且也开始在文学创作中崭露头角，因此在这里，我们非常乐意对狮爪扇贝珍珠进行介绍。

狮爪扇贝是众多美丽海贝中的一种，由它所产生的珍珠毫无疑问也同样美丽。它生长于美国东南部的大西洋水域，往南可至巴西，或者美国西部的太平洋水域。狮爪扇贝的颜色很特别，外壳通常是棕色、黄色和橙色几种颜色混合，内壳颜色丰富多彩，范围从珍珠白到活力紫。

在所有珍珠中，狮爪扇贝珍珠拥有最有趣的外观之一，因为有一种不同寻常、闪闪发光的斑驳色彩，看起来会让人想起一种叫"虎睛"的观赏宝石。和其他珍珠一样，狮爪扇贝珍珠也是由碳酸钙组成的，而与大多珍珠不同的是，它几乎都是由方解石构成，而不是文石。它由独特的纤维状结构排列拼接而成。在独特的纤维拼接结构下，光被吸收和反射，从而形成不同色调和深度的闪耀色斑。这种可爱的效果也成为狮爪扇贝珍珠的直接视觉标志。在强光照射下，它表面会呈现出一种类似于高温烧制陶器的美丽光泽。

狮爪扇贝珍珠几乎包括了所有的形状，从水滴形、椭圆形、纽扣形到圆形、近圆形；颜色多种多样，白色、深紫色以及深浅不一的橙色、粉红色和李子色。你尝试想象一下狮爪扇贝的贝壳颜色，也就可以预见狮爪扇贝珍珠可能呈现的颜色。然而，相比其他颜色而言，丁香紫到紫色色调似乎更为常见。从尺寸上看，大部分狮爪扇贝珍珠都很小。人们听说过的最好的一颗狮爪扇贝珍珠来自私人收藏，它是一颗浑圆并具有强烈光泽和花纹的粉紫色珍珠，重达 5.91 克拉。

帘蛤珍珠

帘蛤珍珠是美国最稀有和最美丽的天然珍珠。几个世纪以来为居住在新英格兰地区大西洋海岸的本土美国人所珍视。帘蛤珍珠常被人用于自我装饰，或是作为贝壳串珠———一种早期形式的流通货币。它的名字"quahog"一词，是从阿尔冈印第安文中名为"poquauhock"的一种特别蛤类衍生而来，这也是为什么平常我们会见到包括"quahaug""cohog""quohog"在内的多种不同的拼写方式。

美国 20 世纪最受尊敬的专家之一，乔治·弗雷德里克·孔兹（George Frederick Kunz），在他 1908 年的著作《珍珠之书》中提到了帘蛤珍珠，并且在书中形容它是一种十分罕见的珍珠。同时，他指出，一只乌黑的好品质帘蛤可能产生一颗价值可达 100 美元的珍珠，如果用今天的美元衡量的话，价值可达数千美元。可惜的是，他并没有提到大小、形状或者珍珠品质会对价格有何影响。

遗憾的是，由于帘蛤珍珠极度罕见，几乎没有新英格兰以外的人（多指挖蛤人和渔夫）见过真正美丽的帘蛤珍珠。人们打开成千上万的帘蛤，却只能找到少量珍珠，多数也是个头很小、形状不规则、光泽度低且颜色不招人喜欢的。这些珍珠除了可以满足人们好奇心外几乎没有任何价值。而那些真正罕见的珍珠，通常都美丽、独特且非常吸引人。

双壳蚌蛤如金星蛤（又称硬壳蛤）或者普通的硬壳蛤都可以产生帘蛤珍珠。矿物文石在当地水域中溶解后会在它们坚硬厚实的椭圆形外壳背面形成一些紫色的斑点。这也许就是帘蛤珍珠拥有如此不同寻常颜色的原因。

同海螺珍珠或美乐珠一样，帘蛤珍珠也是一种无珍珠层珍珠，由纤维状结构而不是珍珠层结构形成（有珍珠层珍珠是由结晶碳酸钙和壳基质层叠整齐排列而成，一层又一层的珍珠层层叠赋予了珍珠强烈的光泽，这是无珍珠层珍珠所不具备的）。大部分帘蛤珍珠光泽度较低，但是那些好品质的珍珠表面反射作用强烈，呈现出上好瓷器的光泽感。也有报道称，在十分罕见的情况下，有的帘蛤珍珠会呈现出类似于海螺珍珠或美乐珍珠的蜂窝状或火焰状纹理，尽管很多时候这些纹理并不十分明显。

帘蛤珍珠可以呈现出一系列的颜色，包括白色、淡紫色、紫色、黄褐色、棕色甚至黑色。但最令人向往也最具价值的颜色是浅紫色到紫色色调。它们也有多种形状，最理想的形状包括圆形、椭圆形、水滴形和纽扣形。它们通常很小，但有的直径可达 18~20mm。有的珍珠会出现不同寻常的浅色和深色色带交错现象，从而形成不同的视觉效果。例如纽扣形帘蛤珍珠通常中心部分颜色较浅，呈现出独特的"眼球"效果。

目前，帘蛤珍珠的市场需求还很有限，但随着珠宝鉴赏家对这"美国丽人"特别之处的发掘，其需求和价值将会逐渐提升。如今，在各种国际宝石和珠宝展示会上，帘蛤珍珠成了专业从事稀有宝石和天然珍珠交易的珠宝商的关注焦点。一家专业从事稀有宝石交易的重要珠宝商展出过价值 15 万美元的一组帘蛤珍珠——2 颗直径不到 8mm 的小型圆珍珠和 2 颗直径在

12~13mm 的大型纽扣珍珠。另一家专业从事天然珍珠交易的珠宝商，以超过 1 万美元的价格卖出了 1 颗顶部看起来非常美丽而底部有着严重瑕疵的帘蛤珍珠（直径几乎达到 15mm）。同时，这家珠宝商企图以 2.5 万美元的报价购买 1 颗直径达 16.25mm 的品质特优、深紫色圆形纽扣珍珠，但遭到了拒绝。

目前所记录的最大最好的帘蛤珍珠是一颗直径 14mm 的圆形珍珠，它有着浅紫的颜色、强烈的光泽和无瑕的表面，并呈现出一种独特且完美的"眼球"效果。它代替一颗好品质、尺寸接近 12mm×10mm 的泪滴形帘蛤珍珠，安装在一枚早期维多利亚胸针（约 1835 年）的中心，镶嵌在镀金的黑白相间的珐琅花纹上。这枚胸针加入了由位于纽约的美国自然历史博物馆所举办的国际珍珠世界巡回展览，并成为东京展览的盛大开幕式的亮点之一，受到展览沿途各大城市观展人的喜爱。

评价帘蛤珍珠品质的影响因素

像其他珍珠一样，帘蛤珍珠品质各不相同。多数品质较差，对珠宝收藏家和鉴赏家毫无吸引力。但是高品质帘蛤珍珠则另当别论。决定帘蛤珍珠品质的因素与决定其他天然珍珠品质的评价因素是同样重要的，包括大小、形状、颜色、光泽和表面光滑度。在进行珍珠品质评价时，需要注意帘蛤珍珠这一品种的特别之处。

·尺寸　就大小而言，大部分帘蛤珍珠直径在 7mm 以下，通常直径在 5~6mm。直径达 14mm 的帘蛤珍珠是相当大的。要在如此大的尺寸中找到一颗好品质的帘蛤珍珠是极为困难的。某些情况下，它们的尺寸甚至可以达到 18~20mm，但这些尺寸的珍珠往往颜色、大小或总体质量都不尽如人意。

·**形状** 不论尺寸大小，多数帘蛤珍珠是椭圆形、橡子形、子弹形、泪滴形和纽扣形。它们形状多样，许多都是不对称的巴洛克式。在帘蛤珍珠中，圆形纽扣珍珠是最受欢迎的，当然，如果同时它还有很细腻圆滑的顶部就更好了。

·**颜色** 颜色是影响珍珠受欢迎度和价值的重要因素。帘蛤珍珠最常见的颜色是白色，如果具有光泽的话，白色仍然是可爱的和讨人喜欢的；褐色、深褐色和黑色色调的珍珠比白色珍珠更珍贵；紫丁香色到紫色色调是最珍贵也最理想的珍珠颜色。

颜色是否均匀是影响珍珠价值的重要因素之一——颜色越均匀越罕见。然而，对帘蛤珍珠而言，在某些文化中，如果珍珠中心呈现出独特的"眼球"效果——珍珠正中间出现一片白色区域，这些珍珠将具有更高的价值。如果珍珠中央的"眼球"区域到珍珠底部整体的颜色不同且均匀性不同，这样的珍珠通常非常受人欢迎。有的帘蛤珍珠具有白色和棕色相间的条纹状图案，如果这些图案很可爱且对称，或者显现出双色或三色效果，同样也能提高珍珠的价值。

·**表面特征** 在评价珍珠的表面光洁度时，我们必须保持谨慎。大部分帘蛤珍珠表面都很干净，因此，若使用与其他珍珠一样的标准来对其进行评价，在珍珠表面出现瑕疵的情况下，我们会更倾向于降低珍珠总体品质的评价。有的帘蛤珍珠表面会出现裂缝。这些裂缝的产生源自珍珠在被发现前对帘蛤进行烹煮的操作，或者来自某些珠宝商对珍珠进行打孔操作的尝试。由于帘蛤珍珠是纤维状结构的，当某些缺乏经验的珠宝商或者不懂得如何细心对珍珠进行打孔操作的人尝试打孔时，损坏珍珠的风险是极高的。

·**光泽度**　我们不能用判断有珍珠层珍珠的标准评价帘蛤珍珠的光泽度。大部分帘蛤珍珠缺乏赋予珍珠层珍珠魅力与吸引力的强烈光感。几乎没有帘蛤珍珠能够呈现出日本产经典白色圆形养殖珍珠（AKOYA）那样强烈的光泽感，其光泽感比大多数珍珠种类都要低。对帘蛤珍珠而言，白垩光泽会显著降低其价值；柔和的光泽被认为是较好的；而最好的光泽类似于精致瓷器表面所散发出的丝质光泽。

总的来说，直径超过 8mm、散发出强烈光泽、呈现出美丽的颜色且形状对称的帘蛤珍珠是极其罕见的，通常会被归入品质超优的珍珠中。

🐚 海螺珍珠

与其他珍珠一样，海螺珍珠也是由碳酸钙组成的，但它是一种无珍珠层珍珠。尽管如此，它同样具有惊人的美丽和高昂的价格。

海螺珍珠有着独特的瓷感光泽且表面呈现特别的火焰状

纹理。这些细腻的波浪形火焰状纹理，如同湿润的丝绸一般覆盖整颗珍珠表面，将它与珍珠层珍珠和珊瑚区分开来。

海螺珍珠和巨型海螺壳。

找到海螺珍珠的机会非常渺茫，大约 1 万~1.5 万个海螺中才能找到一颗。多数海螺珍珠拥有招人喜欢的对称形状，不过，在某些极少见的情况下，人们甚至找到了圆形海螺珍珠。大部分呈褐色、象牙色或者棕色，但也有一些呈鲑鱼橙、丁香紫、粉色和深玫瑰色（在长时间强光照射下可能出现褪色）。虽然形状和大小在珍珠品质评价中至关重要，但在这里，我们把颜色和纹理的鲜艳程度作为评价的主要标准。最受赞誉的海螺珍珠是一颗表面呈现深粉、丁香紫和橙红交织而成的火焰纹理的近球形珍珠。此外，对称的椭圆形、泪滴形和纽扣形海螺珍珠也很受人们欢迎。大部分海螺珍珠都很小。目前已知的最大海螺珍珠是一颗由马螺产生的足球形深棕色珍珠，重量超过 111 克拉，直径达到 27.47mm。

海螺珍珠在欧洲和中东市场非常受欢迎。纽约海瑞·温斯顿（Harry Winston）珠宝曾为一名匿名客户设计出一款华丽的海螺珍珠和钻石项链，以及配套的耳环。德国珠宝公司 Hemmerle 用上文提到的世界上最大的深棕色海螺珍珠完成了一次华丽的珠宝创作，标价高达 10 万美元。

🌑 美乐珠

同海螺珍珠一样，美乐珠并不是由双壳软体动物产生的，也不含珍珠层。即便如此，它仍非常受人欢迎，甚至价格高昂。1999 年，一颗大约 23mm×19mm 的橙色美乐珠在香港佳士得拍卖行拍出了 48.88 万美元的高价！从此，美乐珠进入了珍珠舞台的中心。随后，市场上逐渐涌现出越来越多颜色不理想的美乐珠，致使其价格不断下跌。如今，颜色在橙色到橙红色间的大美乐珠价格仍要上万美元，但以 1 万美元以下的价格也能买到一些不错的美乐珠。

美乐珠是由印度螺（或者美乐海螺）——一种巨大的海洋蜗牛产生的。外壳常被称作"水瓢"状壳。越南是美乐珠的主要产地，但它也产于东南亚水域。美乐珠通常很圆且尺寸较大，目前所知的最大的一颗几乎重达 400 克拉，来自越南保大（BaoDai）的收藏。通常美乐珠比海螺珍珠轻（因为有着较小的比重），因此同样重量下，看起来比海螺珍珠大一些。同海螺珍珠类似，美乐珠也呈现出火焰状纹理及光泽。典型的美乐珠颜色包括黄色、橙色、红色、褐色和棕色。养殖美乐珠并不十分成功，目前市场上所有的美乐珠都是天然珍珠。

第三部分

品质铸就不同

第5章 品质：通往永恒之美的诀窍

比起知道你所拥有的珍珠的品种更重要的是，知道你是否拥有一颗好珍珠，以及如何辨别珍珠的好坏。正如钻石和彩色宝石一样，不同品质的差异会体现在美观、受欢迎程度和价格上。同样，不同品质的珍珠在美观、受欢迎程度和价格上也会有所不同。

评价天然珍珠和养殖珍珠时，我们所考虑的因素是相同的，但是对总体品质进行分类时标准不尽相同，有"一般""好""很好"等多个级别。在这里，我们主要讨论养殖珍珠的评价标准。如果你想提升自身对天然珍珠的鉴赏能力，我们建议你不要放过任何可以观赏和比较天然珍珠的机会，亲身比较各影响因素间的差异。你可以参加各种天然珍珠展览，如拍卖会和古董珠宝展。当然，你的珠宝商也可以为你提供一些接近天然珍珠的机会。你在比较珍珠的时候，要记住下面所描述的各个因素，

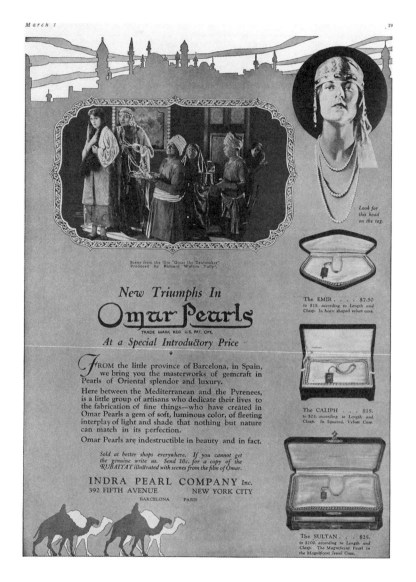

1924 年《时尚》杂志上奥马尔（Omar）仿造珍珠的广告——广告十分不清晰，如今这种广告会违反美国联邦贸易委员会准则。

并注意变化的范围。相信用不了多久，你就能够顺利地将高品质珍珠与那些品质一般的珍珠区分出来。

🌑 品质是挑选养殖珍珠的第一要素

相比钻石和彩色宝石，理解养殖珍珠的品质差异可能更为重要，因为品质影响着珍珠的持续性。一颗好的珍珠能经受住岁月的考验，被世代珍惜并相传，散发着持久的魅力；而一颗品质差的珍珠很快就会失去魅力，有些甚至只经过数月就变得暗淡无光。

🌑 寻找获得永恒之美的最佳平衡点

每一位珍珠养殖者都需要在所有影响珍珠品质的因素间找到最佳平衡点，这样才能培育出价格适中的美丽珍珠，而不会增加不必要的风险。养殖珍珠是一个风险游戏。珍珠在牡蛎中待的时间越长，就有越高的风险，如出现疾病或受到自然灾害等影响。对品质而言，时间越长，产生的珍珠层越厚，也就越有可能产生更具光泽、持久耐用的珍珠，但同时也增加了形状、颜色、表面光洁度等决定珍珠品质的因素受到不利影响的风险。正如前面所提到过的，虽然最开始时珠核是圆形的，但珍珠层在结晶过程中并不会均匀包裹整个珠核，这使得珠核有可能变得不那么圆，而且表面也可能出现瑕疵。

珍珠养殖者必须不断权衡培育珍珠过程中可能出现的各种潜在利益和风险，因为并不存在可供参考的标准指南。一些养殖者选择承担比其他人更大的风险，让珍珠尽可能地在牡蛎中待的时间更长，以期培育出最稀少、最美丽同时价格也昂贵的养殖珍珠。其他养殖者则尽量缩短珍珠培育期，以降低所需要面对的各项风险。

如今，许多珍珠养殖者已将珍珠培育期从 18 个月缩短至不到 1 年的时间，珍珠培育平均时长大约需要 8 个月。虽然随着技术的进步，珍珠养殖者不断加强牡蛎的营养并整理提升培育水平，以使其能产生品质更好的珍珠层，但在大部分行业专家眼中，想要产生足够厚的珍珠层以形成持久的美丽珍珠，短短 8 个月的时间是远远不够的。薄珍珠层珍珠的价格便宜得多，通常寿命很短，是否值得花钱购买还有待商榷。现在，许多售卖中的珍珠的珍珠层实在太薄了，以致根本无法保存；有些珍珠虽然拥有厚一些的珍珠层，看上去让人觉得很不错，但无法经受时间的考验。因此，我们挑选珍珠时，需要考虑的最重要的因素是珍珠层的厚度。幸运的是，珍珠层厚度不同，我们用肉眼就可以很容易辨别出来。

肉眼可见不同

珍珠与其他宝石显著不同的一个特性是，通常人用肉眼就能分辨出珍珠的品质。一旦你了解在选购各种珍珠时需要注意什么以及如何进行检查，很快你就能提升判断不同品质的能力。你会为自己能在如此短暂的时间内辨别出它们的不同而感到惊讶，同时在挑选珍珠时，你也会变得更有选择性。

在挑选珍珠时，大多数情况下，你只要用眼睛细心观察就够了。但在某些情况下，你也可以借助放大镜。

如何使用放大镜

在我们需要对钻孔珍珠或珍珠表面进行更仔细的观察时，放大镜能起到事半功倍的作用。它是一种专给珠宝商使用的特殊放大镜，通常是一个10倍倍率的三组合镜——经过失真和颜色光差矫正，并具有黑色的防水外壳（非镀铬或镀金）。

只需要经过几分钟的练习，你就能轻松掌握利用放大镜检查珍珠的方法。下面是练习步骤：

1. 用一只手将放大镜置于拇指和食指之间。

2. 另一只手用同样的方式拿住珍珠或者珠串。

3. 将两只手靠近，

使拇指往下的皮肤相互接触，并且用拇指与手腕的连接部分进行支撑。

4. 将放大镜与所检测物品对齐，并保持 1 英寸的距离。

5. 现在，移动你的手，让放大镜和珍珠慢慢靠近鼻子或脸颊，并尽可能贴近眼睛，移动过程中保持支撑。即使你佩戴着眼镜，也不需要将其摘除。

6. 在进行详细检查时，非常重要的一点是双手的稳定性。保持双手合拢不变，并靠在脸上某个支点，将手肘支撑在书桌或工作台面上（没有书桌的话也可以支撑在胸部或肋骨上）。操作得当的话，你的手将变得非常稳。

你在练习使用放大镜时，注意让它与你的眼睛保持大约 1 英寸的距离，它与珍珠也保持大约 1 英寸的距离。开始学习透过放大镜看清楚物品时，你可能会觉得很难聚焦，但随着练习慢慢增多，就会变得越来越简单。你可以练习透过放大镜观察任何肉眼很难看清的物品，比如你皮肤的毛孔、你的一缕头发。

放大镜的使用。

在进行观察的过程中，你可以移动所检查的物品，慢慢旋转，或在旋转的过程中将它来回倾斜，以便从不同的角度和方向深入观察。用不了多久，你会发现可以很容易地聚焦在任何想检查的物品上。如果你还是对使用放大镜的技术不够有信心，可以找一位知识渊博的珠宝商教你，相信他会非常乐意。

你将透过放大镜看到什么

通过不断练习积累经验，就连珠宝业余人士也能利用放大镜判断出珍珠的好坏。虽然你不会像训练有素的宝石学家那样从中得到许多信息，但我们会提供一些方法来帮助像你一样的初学者检查珍珠。

·**检查钻孔**　为了更准确地估计钻孔尺寸，你可以检查珠核与珍珠层间是否有明显边界线（这表明它是养殖珍珠而非天然珍珠），看看是否有染色的痕迹（染色痕迹很可能就在钻孔里）。

·**仔细检查珍珠表面的瑕疵**　珍珠表面有裂缝和凹陷，通常表明珍珠层质量较差或者珍珠层太薄。

·**检查是否有可揭示仿制的表面痕迹**　因为天然珍珠和养殖珍珠的表面与仿制品是明显不同的，一旦将一颗养殖珍珠与一颗人造珍珠进行对比，你很容易就能在表面发现仿制的痕迹。

·**检查表面是否有斑点，是否变色**　人工染色通常会留下痕迹，在多面黑珍珠中尤其明显。

🦪 如何辨别珍珠的品质

在我们开始之前，非常重要的一点是了解国际上的珍珠分级标准，但这种分级标准没有得到国际公认。珠宝商有自己的一套分级评价标准，通常都采用同样的字母命名规则。因此我们经常能看见各种分为不同等级的珍珠，"3A级"（AAA）、"双A级"（AA）、"A级"、"B级"或"C级"，但这些分级所采用的标准各不相同，它们并不一定能实际反映珍珠的品质。由于标准不一，很有可能出现某种品质的珍珠在一家珠宝商那里卖的价格更高，而另一家卖的价格低的情况。也可能出现被某一珠宝商评为3A级的珍珠，在别的珠宝商处只能达到C级标准的情况。

但不要认为可以通过"AAA""AA"等这类术语就能区分出珍珠的品质，你需要学习的是如何观察珍珠，以及观察珍珠时需要注意什么。

·在纯色背景下观察珍珠　当你检查珍珠时，请在无光泽的纯色背景下进行。浅灰色是非常理想的背景颜色，或者你也可以使用纯白色背景（比如白纸，通常在珠宝店可以买到）。千万不要在黑色背景下观察珍珠，虽然在黑色的映衬下珍珠会显得很美，但黑色不利于你观察到微小的差异。

·在冷白荧光灯或日光灯下观察珍珠　避免在强聚光灯或者白炽灯下观察珍珠［在阳光、聚光等强光照射下，珍珠光泽会显得尤为强烈，而在漫射光（如多云天气下的光线或者日光灯）照射下，珍珠光泽会有所降低］。记住，你选择的灯光会影响你的观察效果，所以检查珍珠应该在相同的灯光下进行。如果可能的话，最好在同一地点、同一时间下进行（珍珠在不同的地理位置看起来会有所不同，同样，不同半球的不同光照下也会有所不同）。

·在你身体某个合适的角度下观察珍珠　当你在比较项链或手链等珠串中的珍珠时，请把它们放在纯色背景上，并且找到某一合适角度，以保证珍珠处于一个靠近但不相互接触的距离。这将有助于你更方便地看到颜色和光泽上的不同。

影响珍珠品质和价值的六大因素

你已经学会如何观察珍珠了，现在，我们来谈谈在观察珍珠品质时需要注意什么。无论是什么类型的珍珠，是天然珍珠还是养殖珍珠，你想要辨别是否找到了一颗可以保持长久美丽的珍珠，下面的六大因素是我们需要考虑的。

·珍珠光泽和晕彩

·珍珠层厚度和质量

·颜色

·表面光洁度

·形状

·大小

比起其他五个因素，珍珠层的厚度和质量对珍珠之美有着更大的影响。对养殖珍珠而言，它还影响着珍珠可持续的时间。

因此，这是最重要的一个因素。不过，在下文中，会先谈谈珍珠光泽，因为这是我们看到珍珠时首先会注意的部分，也是珍珠的特别之处。此外，珍珠光泽不同也从视觉效果上反映出珍珠层厚度不同。

我们把各种反射光组合后散发出的光芒称为光泽，把珍珠表面呈现的柔和彩虹色彩称为晕彩。正是光泽和晕彩将珍珠与其他宝石区分开来，同时，它们也是最显眼的珍珠品质指标以及珍珠是否具有长久保持美丽的潜力的标志。

光泽

当你看到一颗漂亮的珍珠时，你注意的第一点就是光泽。这种光泽并不是人造珍珠所呈现的那种表面光芒，而是由于光线穿透多层珍珠层并且从珍珠内部反射出来形成的强烈光芒，有人把这种光芒称为"有深度的光芒"。一颗具有良好光泽的珍珠，在珍珠最亮（直接光照下）部分和阴影区域存在十分强烈的对比，有时这种强烈对比度会在珍珠内部产生"球形"错觉。球的形象越清晰，珍珠光泽越好。相应地，这也取决于软体动物产生的珍珠层的厚度和质量，珍珠层越厚（且形成珍珠层的微晶体越小越透明），光泽越好。如果珍珠层完全结晶，且各层排列整齐，就会产生拥有强烈光泽的精致珍珠。

如何评价光泽

任何人在购买珍珠前都应该花点时间去学习如何评价珍珠，学习哪些光泽是可以接受的，哪些是不可以接受的。当珍珠光泽特别低时，这点显得特别重要。低光泽度不仅降低了珍珠的美感，同时也表明珍珠层是非常薄的。对日本珍珠而言，白垩光泽通常表示珍珠的薄珍珠层可能在很短的时间内就会开裂、剥离，或者干脆消失，只剩下贝壳珠（相比质量差的白垩养殖珍珠，人造珍珠看起来更美，且价格更便宜）。

珍珠光泽是从很强到很弱来评价的。一颗具有强光泽的珍珠看起来充满活力，其反射光（珍珠内部"球"的清晰程度）会更明亮、清晰。而一颗光泽度很低的珍珠看起来暗淡无光，反射光模糊、发灰或者不存在。评价光泽的方法如下：

旋转珍珠，从各个角度进行观察来确保珍珠光泽均匀。

在日光灯等光源下检查珍珠，寻找表面下的反射光，特别要注意反射光的亮度和清晰度。避免强光直射，如果光线太强，请伸出手遮挡珍珠，并在形成的阴影区域进行检查。

高品质日本 AKOYA 珍珠比其他白色圆珍珠光泽度强，主要是因为它们生长在水温合适的环境中。冷水会减慢珍珠层的生长速度，这通常会形成良好的结晶和较高的整体珍珠层质量。如果珍珠层的质量很好且特别厚，由此形成的日本 AKOYA 珍珠通常会有令人难以置信的光泽度。但并不是所有的 AKOYA 珍珠都很有光泽，有些 AKOYA 珍珠色泽却很弱，这通常表明它们拥有很薄或质量较差的珍珠层。

晕彩

如果珍珠层质量很好且很厚，你将有机会观察到晕彩——一种覆盖珍珠表面的柔和彩虹色彩。晕彩这种现象只有当珍珠层达到一定厚度时才可能出现，因为光线在穿过珍珠层时会产生棱镜效应（白色光线被分散成为彩虹的颜色）。

具有晕彩的圆形养殖珍珠非常受珠宝鉴赏家的赞赏和追捧。如今，拥有这一令人赞叹特征的圆形珍珠十分少见，不过我们经常能在各种形状不规则的巴洛克珍珠中看到晕彩的身影，为其增添别样魅力。珍珠表面要出现晕彩，应保证每一层珍珠层都具有很好的结晶且排列整齐，最重要的是，必须具有非常厚的珍珠层。这也是为什么晕彩通常出现在好品质的全珍珠层天然珍珠以及日本早期的养殖珍珠中，珍珠层通常比现在生产的珍珠要厚得多。晕彩也会在一些巴洛克珍珠中出现，因为珍珠层会在珍珠凹陷处不断堆积。此外，我们还能在一些培养周期特别长的珍珠上发现晕彩，比如南洋珍珠、美国淡水养殖珍珠和一些质量上乘的全珍珠层中国珍珠。

强光光泽和晕彩的重要性不仅体现在能够影响珍珠的美观程度，正如我们一再强调的那样，也体现在能够直观地反映出珍珠层的厚度和质量。

珍珠层厚度和质量

珍珠不论是天然形成还是养殖而成，珍珠层厚度和质量都是独特魅力的源泉。珍珠层越厚质量越好，形成的珍珠也就越精致、越有光泽。

·珍珠层厚度 它决定了珍珠的寿命——珍珠层越厚，珍珠寿命越长；珍珠层越薄，珍珠寿命越短。正如我们前面所介绍的，如何在保证获得足够厚的珍珠层的前提下，又不增加其他（如形状和表面光洁度等）因素出现问题的风险，这往往需要一定的经验和技巧。那些养殖出品质上乘的美丽珍珠的养殖者，通常会在植入和采收期间使珠核尽可能长时间留在牡蛎中，以此来获得最大厚度的珍珠层。

·珍珠层质量 它决定了光线穿过珍珠层的方式。有时，有些具有很厚珍珠层的珍珠并不会如人所期望那般呈现出强光泽和明显晕彩。这种情况是由珍珠层某种特定结晶方式所产生的，如珍珠层结晶时分布不均匀，没有形成很好的透明度，或者珍珠层各层排列不整齐。我们能确定的是，珍珠层的生长速度会影响质量。如果珍珠层生长速度过快，将变得不那么透明，由此产生的珍珠光泽度较低——光线进入珍珠后，几乎不会反射回来。但这也不一定是个坏现象。在选择珍珠时，你需要权衡各个影响因素的重要性。一颗厚珍珠层的具有柔和光泽的南洋珍珠与光泽度高的珍珠相比而言，价格更为亲民，如果这颗珍珠具有一些可爱的特征，你就可以以较低的成本来获得一颗更大尺寸的珍珠。

珍珠层质量与水温、水质似乎也存在一定联系。在澳大利亚、大溪地、库克群岛、菲律宾和印度尼西亚的温暖水域中所生长的珠母贝，产生珍珠层的速度比起日本或中国要快得多。有些专家估计，速度快 15~20 倍！这说明，让南洋珍珠留在珠母贝中的时间与日本珍珠一样长——想产生好的南洋珍珠通常仍然需要更长的培育期——珍珠层自然会更厚。如我们前面所介绍，好的南洋珍珠由于珍珠层很厚，常常会出现晕彩，这在如今的日本珍珠中很少见。不过，好的日本珍珠在冷水作用下通常有着更明亮、强烈的光泽。同时拥有强烈光泽和温柔晕彩的日本珍珠是非常罕见的，也是所有珍珠中最美丽、最珍贵的。

要想产出一颗有光泽和晕彩的珍珠，珍珠层不仅质量要好，还要厚实，这二者结合起来共同影响光束进入珍珠后经反射回到表面的数量和质量。由于结晶方式的问题，有些珍珠尽管拥有厚厚的珍珠层，却无法呈现出丰富的光泽和晕彩。事实上，任何富有光泽的珍珠都具有厚实的珍珠层，同样，由于珍珠层的厚度是产生晕彩效应的必要条件，任何具有晕彩的珍珠都一定拥有厚实的珍珠层。

如何判断珍珠层厚度

天然珍珠整颗都是由珍珠层构成的；在海水养殖珍珠中，珍珠层厚度可以非常薄也可以非常厚，平均厚度占整颗珍珠直径的 10%~15%，在某些特别少见的情况下能达到 30%。高品质南洋珍珠的珍珠层厚度比其他海水珍珠要厚得多,最厚可达40%~50%。珍珠层太薄的珍珠通常寿命较短。相比珍珠居高不下的价格,我们相信没有人会故意购买无法持久保存的珍珠。因此,这里有一些方法分享给大家,帮助大家估计珍珠层厚度,避免买到薄珍珠层的珍珠。

·**寻找晕彩** 如果珍珠表面呈现均匀的晕彩,那一定具有很厚的珍珠层。所以,任何珍珠只要拥有可爱的晕彩,你都大可不必担心!

·**注意光泽强度** 具有明亮强烈的光泽,且能清晰地映射出周围图像的珍珠通常拥有又好又厚的珍珠层;而看起来暗淡无光或者呈白垩色的珍珠通常拥有很薄或者质量较差的珍珠层。

·**检查裂缝和脱落** 珍珠层薄的珍珠很容易开裂并露出珠核,同样,随着时间推移,薄的珍珠层还会脱落或者磨损消失。在某些情况下,珍珠层实在太薄了,有些新珍珠已经开始出现珍珠层脱落现象,露出小面积的贝壳表面。请仔细检查任何暴露在外的脱落处。

·**利用放大镜观察珍珠钻孔周围** 利用前文介绍过的放大镜使用技巧,在钻孔上方几英寸处用强光照射(越亮越好),并检查钻孔。通常情况下,珍珠层比珠核更亮,注意观察珍珠层从何处结束,珠核从何处开始,并估算一下厚度。

·**检查光带** 当你在强光照射下检查珍珠时,请确认你是否能看到任何明暗交替的区域。如果能,你所看到的是珠核的"层",这通常表明珍珠层太薄。

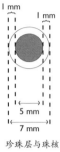 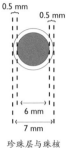 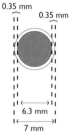

珍珠层与珠核
比例 =2∶5
珍珠层与整颗珍珠
比例 =2∶7

珍珠层与珠核
比例 =1∶6
珍珠层与整颗珍珠
比例 =1∶7

珍珠层与珠核
比例 =0.7∶6.3
珍珠层与整颗珍珠
比例 =0.7∶7

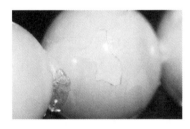 

拥有非常薄的珍珠层的珍珠，钻孔中心及附近发生脱落。

珍珠层从钻孔处断裂。

高品质日本 AKOYA 珍珠截面。

日本珍珠层厚度分级

很厚——所有珍珠的珍珠层厚度至少为 0.5mm

厚——大部分珍珠的珍珠层厚度至少为 0.5mm

中等——大部分珍珠的珍珠层厚度在 0.35~0.5mm

薄——大部分珍珠的珍珠层厚度在 0.25~0.35mm

很薄——大部分珍珠的珍珠层厚度低于 0.25mm

如果你还是不能确定珍珠层的厚度，我们强烈建议你将珍珠交给宝石鉴定实验室进行珍珠层厚度鉴定。目前只有少数几家实验室可以提供这些信息，但越来越多的实验室正在应邀开展这项服务。

颜色——银白到乌黑以及中间的彩虹色

颜色是人们选购珍珠时需要考虑的一个重要因素。基于各自不同的肤色、瞳孔颜色及发色，人们对珍珠颜色的喜好往往带着强烈的个人色彩，在选择珍珠时，需要选择最适合自己的颜色。颜色同样会影响珍珠价格，因为有些颜色相对来说更稀少罕见。也许最重要的一个原因是，比起从前，现在产生了越来越多不同颜色的养殖珍珠，它们成为传统白珍珠又一独特的替代品，也为人们出席各种场合提供了额外的珍珠选择。

如何评价珍珠颜色

对白色养殖珍珠而言，评价颜色需要考虑体色和伴色。有时，我们还会将晕彩作为颜色评价的要素，晕彩的出现无疑会影响珍珠整体颜色。"体色"指珍珠的基本颜色，通常是白色、奶油色、黄色等；"伴色"指珍珠的次生色（类似于它的"染色"），通常是粉色、绿色、银色或者蓝色。当我们提到珍珠颜色时，通常指的是珍珠的体色和伴色综合呈现的颜色。例如，白玫瑰色珍珠指的是有着玫瑰伴色的白色珍珠，当然，这些珍珠非常罕见且昂贵。相比起来，奶油色珍珠更常见也更便宜。在白色珍珠中，最罕见也最昂贵的伴色是粉色（玫瑰色），相比较下，绿色作为伴色就不那么受欢迎了。如果白色珍珠出现绿色伴色，其价值将会有所降低。

对拥有"理想颜色"（一种明显不适用于"白色""非白色"分类的特别颜色）的珍珠而言，还存在额外的颜色评价元素——色调。色调指的是颜色强度，并由浅到深分为不同等级。例如，一颗深黄色珍珠比起一颗浅黄色珍珠而言，颜色要丰富得多，同时更罕见、更受欢迎，也更昂贵。

天然黑珍珠的颜色不仅包括从浅灰、深灰到黑色各种不同颜色，还包括蓝色和绿色。黑珍珠伴色通常是绿色或粉色（玫瑰色）。以绿色（尤其是强烈的孔雀绿）作为伴色的黑珍珠最稀少也最珍贵。粉色伴色在灰色或者黑色珍珠上会呈现出紫色或深紫色的效果，这些珍珠也十分可爱和独特，同时能卖出不错的价格。

养殖珍珠产自世界各地，并呈现出各种不同的天然颜色——白色、灰色、黑色、粉色、绿色、蓝色和金色。菲律宾以出产天然黄色和金色珍珠闻名；大溪地、法属波利尼西亚和库克群岛以出产天然黑珍珠出名（参见第四部分第8章）。我们把未经处理、由各种不同天然颜色的中国圆珍珠串连形成的珠串，叫作五彩珍珠或者彩虹项链。这些项链也备受人们追捧。

根据个人喜好的颜色不同，理想颜色的珍珠可能非常罕见且很难找到。如果你想要找到一颗自己真正喜欢的颜色的珍珠，应该花点时间拜访一些高级珠宝商，去看看所有可能的颜色，这将有助于你找到那种真正只属于自己的颜色。

人工改善珍珠颜色的技术

虽然珍珠天然就会呈现各种各样的颜色，有时候我们仍会对其颜色进行人工处理。如今，大部分日本养殖珍珠都会进行漂白处理，处理完后再进行染色操作。有时候为了制作项链等珠宝，我们会对钻孔后的白珍珠进行染色。一个合格的宝石学家很容易就能检测出珍珠是否经过染色。通过用放大镜观察钻孔的方式，你自己甚至就可以检查珍珠是否做过染色处理。如果珍珠是经过染色的，且你能看见珠核与珍珠层间的边界线，这个时候在贝壳层的地方会有非常明显的粉色或者红色染色痕迹。遗憾的是，当你在检查黑色珍珠或者某些具有华丽颜色的珍珠时，通常仅凭放大镜进行观察是看不出染色痕迹的，或者说看不出它的颜色是否经过除染色外的其他技术处理后得到的。

对于某些颜色不同寻常的珍珠，尤其是昂贵的金色珍珠和黑色珍珠，我们建议你把它们送到宝石检测实验室进行检测，利用实验室的精密仪器确定珍珠颜色是不是纯天然形成的。我们无法提供可以用于描述珍珠颜色的统一标准，因此，请你仔细地观察珍珠，用双眼去发现珍珠体色、伴色和色调的不同。

右侧珍珠表面光滑，而左侧珍珠表面有明显的瑕疵。

表面光洁度

如果把珍珠的表面想象成自己的皮肤，就像我们的皮肤总是难免有一些瑕疵，同样，珍珠也是一样的。表面光洁度通常指的是珍珠的"皮肤"上不会出现小水泡、疙瘩、斑点或者裂缝之类的瑕疵，不过有的时候，表面瑕疵也可能表现为暗斑、小缺口、小伤痕、水泡或者表面凸起。虽然珍珠表面的小瑕疵并不少见，但瑕疵如果太大，珍珠看起来就不那么美观了。此外，一颗有着许多大瑕疵的珍珠很可能并不耐用。珍珠"皮肤"越干净，这样的珍珠越少见也越昂贵。在我们对珍珠进行钻孔的时候，钻孔越靠近瑕疵，就越能降低对珍珠外表与价值的影响。

有时，珍珠与香水、油类和化妆品等接触会形成表面的暗斑，如果暗斑较浅。我们可以喷上温和的抛光剂并用麂皮轻轻擦拭，将它们消除。

如何评价表面光洁度

·**在不同光源下检查珍珠** 当我们在比较珍珠层时，漫射光通常是最适合的光照；而当我们在寻找珍珠的表面瑕疵时，强烈的光线却可能会让某些类型的瑕疵更为突出。如果我们要检查珍珠是否有瑕疵，在漫射光和强光下进行会对我们更有帮助。

·**在深色背景前检查珍珠** 当我们在比较珍珠的其他多数特性时，最适合的背景色通常都是浅色；但是如果我们要寻找瑕疵，有的时候在深色背景下反而更容易找到。

·**边转动边检查珍珠** 把珍珠或者珠串放在平整的表面上并进行转动，以确保我们已经检查到珍珠的所有面，这样一来，可以通过光束捕捉到表面的任何细小瑕疵。

·**举起珍珠** 将珍珠放置在身前，平行于眼睛来检查它们。

实际上，几乎不存在完美无瑕的珍珠，它们特别罕见。对珍珠串来说，完美无瑕的珠串更是如此。你需要从颜色、形状、大小等各个角度来决定对你而言重要的是什么，然后综合平衡其他各项因素。在购买珍珠时，我建议你牺牲表面光洁度而不是其他因素。如果你选择那些有轻微瑕疵的珍珠的话，可能买到具有更厚珍珠层、更理想颜色或者更大尺寸的珍珠。还请记住，如果一颗珍珠拥有强烈的光泽，大多数瑕疵甚至都不会被注意到，强烈的光泽能帮助它们隐藏起来。相反，一颗沉闷、白垩色的白珍珠会显现出所有的瑕疵，不管这些瑕疵多么细小。

你要避免购买那些有裂缝的珍珠。因为裂缝会变得很严重，尤其是当珍珠层薄的时候，珍珠层甚至可能会脱落。

🐚 形状

黑色梨形珍珠和黑色螺纹珍珠。

珍珠的形状可以分为三类：球形珍珠、对称珍珠、巴洛克珍珠。最稀有和最有价值的是球形或者圆形珍珠，这是通过"球"度或圆度来评价的。浑圆的好品质珍珠非常罕见，其形状越接近正圆，价格就越高昂。泪滴形或梨形的珍珠就属于对称珍珠，我们常从比例、轮廓和对称性来判断珍珠是否拥有良好、令人愉快以及平衡的形状。对称珍珠实际上也属于巴洛克珍珠的范畴，即形状不是圆形的。它们虽然没有圆形珍珠那么贵，但在一些例外的情况下，也非常昂贵。形状不规则的巴洛克珍珠最实惠也非常受欢迎，尤其是圆形的南洋巴洛克大珍珠，成本非常高昂。

任何珍珠链都应该合理搭配每一颗珍珠的形状，使佩戴起来给人以均匀、和谐的感觉。

如今，不断有新的珍珠形状产生，无法归类到上述三种分类中去。这些珍珠包括：看起来像是扁硬币的"硬币"珍珠；薄长方形的棒形珍珠；看起来像椭圆形土豆的"土豆"珍珠；从上到下布满同心圆的环形珍珠。

我们也常使用一些如半圆形或者半巴洛克式的术语来描述珍珠形状，这些术语适用于那些形状类似圆形又不那么圆的珍珠。不规则形状比较有趣、独特，比起其他形状的珍珠来说便宜得多。

上排：圆形、近圆形及不对称巴洛克珍珠。
下排：椭圆形或橡子形、泪滴形或梨形、沙漏形对称巴洛克珍珠。

形状不同会影响价格。最上面为一串圆形珍珠，价格比图中的其他珠串都要高，图中珠串从上到下逐渐偏离"圆形"。

一对白色橡果形珍珠耳环。

🔘 刻面珍珠

镶有香槟色钻石的 18K 白金刻面南洋珍珠戒指。

刻面珍珠是新出现在市场上的一种珍珠，它们让世界珠宝设计师兴奋不已。通常都是南洋珍珠，颜色包括白色、黑色和其他各种华丽的颜色。这些珍珠整个表面被切割成许多小且平整的面，创造出一种独特的外观。虽说这项切割技术只适用于厚珠层珍珠，但将它作为去除珍珠表面瑕疵、改善珍珠形状的一种手段也不失为明智之举。刻面珍珠比拥有良好光泽和干净表面的圆形珍珠便宜，但是比切割前的珍珠更贵，也更具吸引力。请注意，当你在购买颜色鲜艳的刻面珍珠时，最好要求珠宝商提供实验室认证，以此来确定珍珠颜色是不是人工处理形成的。也请记住，由于切割过程会去除部分珍珠层，切割完后的珍珠层将会变薄，有些珍珠层实在太薄，以致切割完成后可能很容易碎裂或者发生脱落。

尺寸大小

天然珍珠按重量出售。以前，在称量珍珠重量时一直以"谷"为单位，4 谷重量相当于 1 克拉。如今，天然珍珠通常按克拉重量出售。养殖珍珠按毫米（1mm 约等于 1/25 英寸）出售：测量时，圆形珍珠测量其直径，非圆珍珠测量其长度和宽度。珍珠越大，价格越高。一颗 2mm 大小的珍珠常被认为是很小的，超过 8mm 的 AKOYA 珍珠常被认为很大。但对南洋珍珠而言，一颗 8mm 的珍珠通常算为小珍珠，13~15mm 是平均尺寸的珍珠，直径超过 16mm 才被认为是大珍珠。

大的养殖珍珠更稀少，也更昂贵。对 AKOYA 珍珠来说，尺寸超过 7.5mm，价格就会有巨大的变化。从 8mm 往上，尺寸每增加 0.5mm，价格将显著上涨。对南洋珍珠和大溪地珍珠来说，当尺寸超过 15mm 时，价格同样受到尺寸的显著影响。

正如我们所提到的，虽然珍珠大小主要是由植入软体动物的珠核大小决定的，但是植入物越大，受到排斥的可能性和死亡率就越高。此外珠核越大，珍珠就越有可能出现瑕疵、褪色及畸形的现象，使得原本就稀缺的好品质珍珠数量变得更少。这就是大珍珠要比小珍珠贵得多的原因。

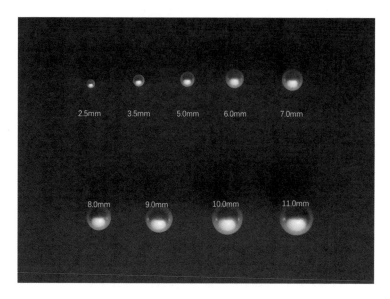

直径从 2.5mm 到 11mm 的不同尺寸珍珠。

"制造"同样产生不同

珍珠是否搭配得当是另一项影响珠串制品（如珍珠项链）价值的因素，这被称为珍珠制品的"制造"。我们需要考虑珍珠串中各珍珠大小、形状、颜色、光泽及表面纹理是否搭配得当。同样，我们在搭配珍珠时，还需要仔细考虑珍珠大小的过渡，搭配不合理将会影响珠串外观和价值。还有非常重要的一点是，记得检查珍珠钻孔，所有钻孔都应该是中心钻孔，非中心钻孔的珍珠将无法放平，同时也会大大降低其价值。

约翰·拉滕德雷斯（John Latendresse），美国珍珠公司创始人，被誉为"美国珍珠之父"。图为他生前检查珍珠串的照片，确保每颗珍珠钻孔都在中心。非中心钻孔的珍珠无法挂好，这有时被错误地归因于不当的穿线，但如果钻孔不在珍珠中心，没有任何珍珠穿线者可以解决这个问题。

第 6 章 珍珠光泽的人工增强技术

　　从古至今，人类总是试图去改进、模仿和复制那些美丽、稀少、昂贵的事物。如今，几乎所有的彩色宝石都是经过模仿、复制和"改进"而来的，养殖珍珠同样如此。对某些宝石而言，人们所采用的某些处理方式是可以被"接受"的，而对另一些宝石则不然。所以在选购珍珠时，非常重要的是知道所采用的处理方式，知道什么是可以接受的，什么是不可以接受的，这些方式最终会如何影响珍珠的外观、价格，以及最重要的一点——持久性。

　　所有的珍珠都是从软体动物中移除后进行处理的。常规的处理并不会造成伤害，而通常我们需要做的工作不仅仅是通过洗涤去除珍珠表面"毛孔"中的异味和残留，用温和的肥皂水和如食盐一般温和的磨料形成的混合物就可以完成。我们需要通过把珍珠和混合物放在"滚筒"中滚动来完成清洁处理。

常规的滚动珍珠清洁法是所有珠农都会采用的方法，同时也是非常安全的。

过度加工和处理会伤害珍珠

某些类型的养殖珍珠常会进行各种大量的加工处理，这些处理方式可能对珍珠的持久性甚至寿命产生负面影响，包括用蜡或者抛光化合物滚动清洁珍珠，用抛光化合物进行抛光处理，对珍珠表面增加涂层，进行化学漂白和染色等。下面是一些需要注意且避免的处理方式：

增强光泽和表面光洁度

由于许多低品质珍珠通常光泽度非常弱，无法获得消费者的喜爱，有些生产商在对珍珠进行常规处理的同时，还会采用一些人工方法来增加珍珠光泽度，以吸引消费者，但这通常仅仅增强了表面光泽而已。

·大量翻滚　有些生产商会通过大量翻滚这种方式去除珍珠表面一些肉眼不可见的瑕疵和暗斑，或者改进珍珠形状。由于珍珠层拥有非常紧致的结构，使其可以很持久，但并不十分坚硬。由于所采用的翻滚方式不同，有些珍珠层在珍珠不断翻滚的过程中可能会出现脱落，且翻滚的时间越长，脱落的珍珠层越多。

·**抛光** 有些生产商会采用抛光的方式去除珍珠瑕疵、改善珍珠形状并且增强珍珠表面光泽。他们把珍珠靠在高速转动的砂轮上，利用温和的磨料来进行抛光处理。这种方式非常有效，但是比起翻滚清洁的方式，会造成更多珍珠层受损。有时，还会用到蜂蜡或者其他抛光剂来进行翻滚或者抛光，蜂蜡很柔软，不会损伤珍珠层，不过其他一些比较坚硬的抛光剂则会对珍珠层造成损害。

·**蜂蜡翻滚** 将珍珠与蜂蜡一起进行翻滚操作的主要目的是提高珍珠的光泽度。将蜂蜡在热锅里融化并加入竹片；竹片被蜂蜡浸透后，与珍珠一起放在滚筒中；在一起翻滚的过程中，珍珠会逐渐裹上一层蜂蜡涂层。由于竹片比珍珠柔软，所以并不会划伤珍珠或者损害珍珠层厚度。蜂蜡涂层会赋予珍珠光泽，但这只是暂时的，这些光泽在短时间内就会消失——如果你采用超声波清洗珍珠的话，光泽消失得就更快了！

·**利用化学抛光剂进行抛光** 有时为了去除珍珠表面更多肉眼不可见的瑕疵，增加表面光泽，还会利用化学抛光剂进行抛光。比起蜂蜡来，化学抛光剂所带来的光泽感更持久一些，不过仍然只是暂时的。更糟糕的是，这些化学物会破坏珍珠层，从而减少珍珠的寿命。

·**涂层法** 另一种处理方式是利用涂漆或者珍珠精液（一种环氧树脂鳞状混合物，常用于制作人造珍珠）来增加珍珠表面光泽。由于所使用的涂料不同，涂层可能会很快脱落，也可能相对持久一点。

在对质量较差的马贝珍珠进行处理时，通常采用的方法是在珍珠内部（珍珠层下方的位置）进行珍珠素填充和染色。因为马贝珍珠实际上是从贝壳上切割下来的空心水泡，在其内部用其他物质进行填充可以增强其持久性，所以在填充之前，人们很容易就可以把珍珠素涂在珍珠内部进行涂层操作。

这种做法有失公平，甚至可以被认为是一种欺诈行为，但实际上确实是存在的。就算你面对的是一些具有厚珍珠层的高品质马贝珍珠，尤其是南洋马贝珍珠，你也必须小心辨别这些马贝珍珠是否经过特殊处理，因为其珍珠层很薄且非常容易开裂。当你在购买马贝珍珠的时候，要特别注意珍珠的光泽度。你可能无法辨别出珍珠是否经过上述处理。如果你的马贝珍珠开始发生脱落或者在你精心呵护下仍然出现开裂的话，我们建议你把它退还给珠宝商。

·**填充**　珍珠（尤其是天然珍珠）的深裂缝、坑洼和钻孔可以用各种物质进行填充，并且与珍珠颜色和珍珠层光泽融为一体。另外，新的珍珠修复技术也在开发中，通过把珍珠重新放回软体动物体内并保存一段时间来进行修复。有时候我们利用放大镜可以检测到珍珠体内是否有填料，但如果需要确定的话，可能还要依靠珠宝实验室的检测服务。

任何会降低珍珠层厚度的加工处理方法对珍珠寿命都是有损害的。大量抛光过或者翻滚过的珍珠都会损害一些珍珠层，这也使得它们出现开裂和剥落的风险更大。如果珍珠在处理前，珍珠层本身就很薄，在处理完成后，这些珍珠的珍珠层将会更迅速地磨损，甚至很快就只剩下贝珠。

值得注意的是，请不要把珍珠散发的微弱光泽误认为是厚珍珠层所体现出来的强烈光泽。如果你心存疑虑，请要求珠宝商提供由珠宝实验室出具的珍珠层厚度报告（参见第七部分第17章）。

🦪 颜色改善技术

珍珠增白工艺已经存在了几个世纪，对天然珍珠而言，这一增白过程是天然形成的过程。珍珠在地毯上经过一段时间的阳光照射而变白，由于地毯可以很方便地进行旋转，这样珍珠的各个部分都可以暴露在阳光下，使得颜色更均匀。如今，许多珍珠都是经过美白的，但通常这一增白过程是通过化学漂白实现的。除了漂白外，通过染色或者其他人工技术也可以进一步增强珍珠的颜色。各种广告和促销活动都在突出珍珠颜色的连续性，使得人们在购买养殖珍珠时也开始追求颜色连续性。为增强这一连续性，生产商通常会通过对珍珠进行漂白和染色处理来实现。

大多数南洋珍珠，包括来自大溪地和南太平洋其他区域的天然黑珍珠以及美国淡水养殖珍珠，是如今的养殖珍珠中仅有的不将化学漂白和染色作为常规处理的珍珠。在购买黑珍珠和金珍珠时，特别重要的一点是询问珍珠颜色是不是天然形成的，并获得实验室鉴定证书。许多又大又圆的中国淡水珍珠经过各种技术处理后也能拥有"绚烂"的颜色。

·化学漂白　化学漂白通常为了使珍珠变得更白。这已经成为许多生产商常用的颜色处理方式。

化学漂白对于薄珍珠层珍珠而言格外有害，它会降低珍珠层的硬度，使珍珠变得更加柔软，在日常佩戴过程中更容易被腐蚀。如果珍珠层厚度理想，通常不会对珍珠的持久性产生特别的影响；但如果珍珠层很薄，化学漂白会使它变得更加脆弱。

所有薄珍珠层珍珠都必须经过漂白。如果珍珠层太薄，珍珠内部褐色的贝壳硬蛋白就会显现出来，使得珍珠呈现出不理想的暗沉颜色。对厚珍珠层珍珠而言，贝壳硬蛋白并不会显现出来，可能并没有进行漂白的必要（请记住，牡蛎在产生构成珍珠的白色珍珠层之前，最先产生的是一层被称为"贝壳硬蛋白"的褐色物质）。要漂白珍珠，先要对珍珠进行钻孔操作，然后浸泡在漂白液中以褪去贝壳硬蛋白的褐色。这就是珍珠变白的过程。漂白处理还可以使珍珠表面颜色白得更均匀。

一种新的漂白技术也被用来创造"巧克力珍珠"——珍珠的颜色和巧克力颜色相近，由此得名。

许多作为"巧克力珍珠"进行出售的珍珠实际上并不是通过漂白处理产生的，而是通过染色处理得来，相对来说方法更简单，价格也更便宜。

·**染色** 染色作为一种获取更理想颜色的处理方式已日渐普遍，通常伴随着漂白处理进行。

经过漂白处理的珍珠往往会过于白皙，看上去非常单一。这时候，可以将珍珠浸泡在染色液中进行染色。染色液通常是粉红色的，会给珍珠增加一种柔软、温暖的感觉，使它们更受人喜爱。带有一抹粉红色或玫瑰色的天然白珍珠是极其罕见并受人欢迎的。如今大多数粉白（玫瑰白）珍珠的"粉色"都是经过人工染色处理得来，在放大镜下可以很容易辨别出来（参见第三部分第 5 章）。

人们也可以把珍珠染成其他颜色，大多数直径小于 8mm 的黑珍珠都是经过染黑处理的。大部分天然黑珍珠都是由南太平洋的一种大型牡蛎产生，大小往往在 8mm 以上。许多染色黑珍珠看起来与天然黑珍珠截然不同，一眼就能辨别出染色的痕迹——通常呈现非常均匀单一的黑色，没有任何晕彩或者阴影层次，也不存在天然黑珍珠中的典型变色现象。品质差的白珍珠常被用于制作染色黑珍珠，花费的成本只占天然黑珍珠成本的一小部分，比好的白珍珠成本也要低得多（一颗镶嵌在珠宝设计师设计的昂贵戒指上，且号称颜色天然的刻面黑珍珠，最后竟被证明是染色的）。染色技术也常用于给珍珠带来棕色效果，通常称为"巧克力"珍珠。

·**珠核染色** 对于 AKOYA 养殖珍珠，人们常采用"珠核染色"的方式来获得"黑"珍珠。

尽管日本一直以生产天然黑色养殖珍珠著称，但许多直径在 9mm 以下的灰色养殖珍珠都含有经过有机染料染色的珠核，我们所看到的表面颜色就是这些染色珠核所反映出来的。如果不经过复杂的实验室检测，珠核染色是无法检测出来的。

·**热处理技术** 热处理技术开始在珍珠市场上活跃起来，金色珍珠可以通过这种方式制作而成。

·**辐照技术** 价格低廉、颜色欠佳的南洋珍珠通过辐照技术人工处理，能冒充来自南太平洋的稀少且昂贵的天然黑珍珠。

虽然这种现象并不常见，但市场上确实存在着一些以次充好的人造珍珠。因此，我们建议你在购买任何自称拥有天然颜色的黑色大珍珠前，先提交至实验室进行鉴定后再做决定。

近年来，一种深蓝色的马贝珍珠逐渐进入了市场，其颜色独具美感。市场上出售的珍珠中既有天然的，也有经过辐照处理的。实际上，它的蓝色既非天然形成的，也不是经过辐照处理而来，而是来自珍珠培育期所植入的深蓝色圆顶状塑料片（参见第二部分第 4 章中马贝珍珠的部分）。我们将马贝珍珠从贝壳上分离出来，并移除连接处的薄珍珠层，然后将其浸泡在一种人工珍珠涂料中，以形成彩虹般的光泽感；接着重新插入深蓝色的塑料圆片，用环氧树脂进行填充后粘在珍珠母上。

·**硝酸银处理法** 在一些国家，还会采用硝酸银溶液来对珍珠进行处理，在处理完成后，这些廉价、颜色不佳的珍珠摇身一变成了稀有又昂贵的天然南洋黑珍珠。

硝酸银处理法是所有珍珠加工处理方法中破坏性最强的一种，比起化学漂白的破坏性要强得多。经过硝酸银溶液处理后的珍珠，其珍珠层变得更加柔软、更不耐久且韧性也有所降低。

记住，千万不要购买经过硝酸银处理过的珍珠。我们再一次强烈建议你在购买任何黑珍珠前，一定请先提交至珠宝鉴定实验室进行颜色天然与否的认证。

购买或者出售经颜色增强处理过的珍珠，这一行为本身并没有任何问题，只要这些珍珠处理得当且定价合理。相比天然彩色珍珠来说，这些处理过的珍珠售价应该低得多才合理。

上等珍珠——未经处理的天然美丽珍珠

过去数年间，珍珠养殖过程中过短的培育时间、过度加工和某些带有欺诈性质的处理手段一直是引起人们激烈争论的焦点，尤其在国际珍珠峰会上，大家更是特别关注这些问题。因此，在日本和澳大利亚的引领下，越来越多的生产者开始在珍珠培育和加工过程中实施更为严格的标准。现在世界领先的珍珠生产商关注的焦点已经逐渐从珍珠数量转移到珍珠质量上了，现在他们真正关注的似乎是在不降低珍珠本身质量、美观和寿命的前提下，找到更有效的方法来降低风险。

未来看起来一片光明，但现在可不要过于乐观，你还必须对珍珠品质差异留个心眼儿：请一定坚持选择那些光泽度强的珍珠，它们拥有厚珍珠层，更重要的是能给你带来持久的美丽和快乐。

对珍珠进行加工和处理的目的是提升珍珠的自然特性。然而对品质上佳的珍珠而言，这样的努力往往是徒劳的，甚至有时候还会起反作用。幸运的是，珍珠生产商开始逐渐意识到了这点，而且许多博学的珍珠收藏家正在尝试着欣赏和接受作为大自然的产物身上所不可避免的小瑕疵和不同。好珍珠所散发的柔和光泽和晕彩拥有着自己独特的魅力——一种超越珍珠表面不完美的魅力！

🍥 珍珠"骗局"的类型

质量好的珍珠，不论是天然的还是养殖的，都非常昂贵，而且珍珠质量越好、越稀有，价格就越贵。然而，随着珍珠需求不断增加，价格不断上涨，各种珍珠仿制品和花样也层出不穷。也正因为如此，我们一再强调购买珍珠时请一定认准那些良好信誉的懂行珠宝商。警惕那些便宜货，尤其是"特价促销"的珍珠，这很可能是劣质珍珠的陷阱。这些珍珠买回去后很快就会开裂、脱落，失去美感。下面的常用伎俩需要我们注意和防范：

·将经过染色、辐照或者硝酸银处理的珍珠标榜为"天然颜色"珍珠出售　正如我们前文所介绍，珍珠的颜色可以通过许多不同的方式进行人工增强或改变。也正因为此，当你在购买"天然颜色"珍珠前，我们建议你一定要获得实验室对颜色的鉴定报告（见第七部分第17章）。

·未对覆膜珍珠加以说明进行出售　我们已经提到过了提

升珍珠表面光泽度，有些珍珠表面会进行涂层处理。销售者对此不做说明是非常不道德的商业行为。

·**将非圆珍珠伪装成圆形珍珠出售**　形状是评估珍珠价值的重要因素。比起非圆珍珠而言，圆形珍珠更罕见、售价更高。有时候不良商家会通过巧妙的布局创造出一种"圆形"的视觉效果，以期卖出更高的价钱。漆涂层填料也可以用于填补单个大珍珠表面的凹陷。

·**将馒头珍珠伪装成正圆珍珠出售**　人们之所以这么做，是因为馒头珍珠（见第二部分第 4 章）比正圆珍珠要便宜得多。销售者将珍珠较为扁平的那一边镶嵌在一个较大的杯状底托上，这样一来，购买者无法看到珍珠背面，且扁平的那边也被隐藏起来，同时这个底托本身也给珍珠增添了圆润的感觉。通常用于配合冒充正圆珍珠的底托都很小，以便你能看到珍珠的对称性，更加确信它是一颗正圆珍珠。

当你在购买精美、圆润的南洋珍珠时请格外小心，因为其价格悬殊。许多南洋馒头珍珠产于菲律宾，却被当作正圆南洋珍珠进行出售，价格也被大大抬高。对许多不知情的人而言，可能还会觉得这是一笔非常"划算的买卖"。当然，购买馒头珍珠并没有任何问题，它们看起来更大、更有分量，但前提是你知道自己买到的是什么珍珠，而且付出的价钱是合理的。

·**将半珍珠伪装成圆形珍珠出售**　半珍珠或者半球珍珠通常拥有较为扁平的一端，这是为去除珍珠瑕疵或者缺陷而将珍珠从中间切开形成的。人们制作古董珠宝时非常喜欢使用半珍珠，特别是当这件珠宝需要用到大量小珍珠时，有时它们甚至会被误认为是圆形天然珍珠。用放大镜来检查珍珠（见第三部分第5章）往往能帮助你发觉它扁平的背面，所以你应保持冷静，不被迷惑。

·**表面坑洼填充**　有时候，为了掩盖珍珠表面出现的特别难看的"坑洼"，一些商家会使用环氧树脂进行珍珠表面填充，填充完成后再用染色漆或者珍珠精液覆盖其表面。有些损坏的"二手"珍珠会采用这种方式来进行修复。

·**用人造珍珠冒充养殖珍珠或者天然珍珠**　这有可能是无意为之，也有可能是故意的，很多人误认为经过世代相传或者富人所拥有的珍珠就一定是真的。实际上并非总是如此，人造珍珠已经制作了数百年，任何人（包括皇室）都可能拥有人造珍珠。利用简单的牙齿测试法就能很轻易辨别出珍珠真假（见第二部分第3章）。

·**将养殖珍珠标榜为"真"或者天然珍珠出售**　当你在购买所谓的天然珍珠时，一定记住要有实验室认证报告来证明这一点（X射线检查是必要的）。

·**将软体动物"铰链"作为天然珍珠出售**　一些所谓的"天然"珍珠无非是将软体动物贝壳上被珍珠层覆盖的"铰链"切割下来抛光而成的。因此，在购买天然珍珠时，一定要取得实验室报告。

·**使用命名误导消费者**　这是一个世界范围内普遍存在的问题。下文表格中的珍珠都是人造珍珠：

引起误导的名称和实际属性

市场名称	实际属性
亚特兰斯珍珠 Atlas pearls	仿制品，纤维石膏珠
洞穴珍珠 Cave pearls	仿制品，石灰岩洞穴中发现的水磨碳酸钙形成
"养殖"珍珠 Cultured pearls	仿制品
拉古那珍珠 Laguna pearls	仿制品
拉陶斯卡珍珠 La Tausca pearls	仿制品
马约里卡（马洛卡）珍珠 Majorica（Mallorca）pearls	仿制品
鹦鹉螺珍珠和鹦鹉螺马贝珍珠 Nautilus pearls and Nautilus mabé pearls	从鹦鹉螺上切割下来抛光而成
红海珍珠 Red Sea pearls	珊瑚珠
河谷珍珠 River strands	仿制品，珍珠母珍珠
贝壳马贝珠 Shell mabé	从鹦鹉螺上切割下来抛光而成
南洋珍珠 South ocean pearls	仿制品，珍珠母珍珠
半养殖珍珠 Semi-cultured pearls	仿制品，将珠层质量差的养殖珍珠表面添加珍珠精液制作而成

第四部分

挑选珍珠

第 7 章　如何挑选好珍珠

如今无论你准备出席什么场合，搭配什么个人风格，或者是有多少预算，都会有合适的珍珠供你挑选。有些珍珠比较稀有，有些珍珠更加昂贵。也许你会困惑如何才能在品质、美观和价格上做出取舍，如果按照本书的指引来挑选的话，你会发现其实挑选珍珠比你想象的要简单得多。

首先，你需要花点时间逛一些优质珠宝店，来看看在售的众多品种的珍珠，然后决定什么类型的珍珠才是你真正想要的。

> 一定要去逛那些知名度高而且专业的珠宝店，它们在售的珍珠品种更多，并能让你了解珍珠的细微差别。

一旦确定下来预购珍珠的类型和价格区间，你就要决定如何最好地满足自己的需求。

挑选心仪珍珠的诀窍

通常来说，每个人在选购珍珠时都会有最低要求，以及喜欢的特定颜色或形状等。下面的一些建议可以在保证品质的前提下，帮助你买到所想要的那颗珍珠。

绝对要保证光泽度　正是光泽度赋予珍珠"生命"，才使它从其他珠宝中脱颖而出。最重要的是，光泽璀璨的珍珠会让你爱不释手。这种珍珠并不容易找到——你不可能在随便一个地方就能遇见这种珍珠——但是当你坚持不懈并成功找到时，你将会体验到难得的快乐，每次佩戴这种珍珠时将会十分耀眼。你还会发现，陌生人根本无法抵挡它的光芒，会产生靠近你观察、评论它的冲动，我就是如此！

买到你真正想要的珍珠的秘诀是：选那些色泽强烈、晕彩明显的珍珠。一颗珍珠的色泽和晕彩越强烈，其他方面就会越不重要。

你细想这个道理就会明白，珍珠的光泽度会产生视觉错觉，让人更不易发现细微的区别：

·让外形并不那么圆润的珍珠看起来更加圆润。这是珍珠发出的光泽让人产生了视觉错觉。

·让珍珠的外表瑕疵变得不那么明显。这也是珍珠发出的光泽让人产生了视觉错觉。

· 减弱了珍珠的色差。晕彩强烈的优质珍珠表面能发出彩虹色的光泽。

珍珠发出的光泽会使其看起来更大。拿一颗直径小但光泽强烈的珍珠与一颗直径大但光泽暗淡的珍珠做对比，你会发现直径小但光泽强的珍珠反而看起来比直径大但光泽弱的珍珠个头要大。

不管你要选购的是哪种类型的珍珠——海水珍珠、淡水珍珠、圆形珍珠、巴洛克珍珠、扁圆珍珠、白珍珠、黑珍珠、奶油色珍珠，还是金色珍珠——选择光泽强烈具有彩虹色晕彩的珍珠永远是对的。

✦ 明智之选

选购珍珠时，你很有必要花时间来对比不同种类、大小、品质的珍珠，慢慢就能练就一双火眼金睛，看出珍珠间的微小差异。一定要去那些珍珠种类多、品质高的珠宝店。下面是一些有用的建议：

· 选购时对比珍珠的品质　与其他因素（颜色／色调、洁净度、圆润度、大小）相比，要特别关注珍珠的光泽和晕彩。通过仔细观察，你能够了解到一颗珍珠的品质如何。在对比的时候记住每一个品质因素，你可能会发现有的珍珠圆润度不好；有的珍珠光泽强烈、色彩瑰丽，但是表面却又有些瑕疵；有的珍珠单个形状很棒，可是成串的造型又不尽如人意等一系列类似的情况。

·将珍珠与你的颈部、面部做对比　确保珍珠与你的肤色、眼睛和发色搭配得当。

·对比不同大小的珍珠　你选购时，可以询问店员每款珍珠的直径大小，对比一下相同品质、不同大小的珍珠在价格上的差别。双链小珍珠可能比单链大珍珠还要便宜，但在视觉效果上完全可以平分秋色。

想要练就一双火眼金睛，你应该对比一下相同大小但不同价位的珍珠。价格的不同体现在品质上；细致对比，你就能看出那些影响价格的微小差别。

·询问珍珠的颜色是不是天然形成的　当你选购彩色珍珠时（灰色、蓝色、黑色、金色、绿色、粉色等），这尤为重要。天然成色的珍珠通常都要比纯白珍珠的价格更高昂，人工上色的珍珠则较为低廉。如果被告知珍珠颜色是天然形成的，一定要确保这点在销售单上标明。

·要看清是天然珍珠还是人造珍珠　一定要确保销售单上注明"天然养殖珍珠"（genuine cultured）或"天然珍珠"（genuine natural）字样。不要介意使用牙齿测试的方法，这不会损坏珍珠的（但是记得要先擦净润唇膏）。

在你购买珍珠前，货比三家将会非常有用，能帮你熟悉在价格承受范围内不同种类的珍珠；货比三家还能让你锻炼出能分辨细微差别的火眼金睛，从而决定哪种颜色、大小、形状和种类的珍珠最适合你。如果你按照以上建议花点时间，你买的珍珠将会让你一直爱不释手。

由设计师拉塞尔·特鲁索（Russell Trusso）设计的现代与经典交织的珍珠项链，白色的珍珠与蓝色、粉色、金色的混杂在一起。

第8章 世界各地的珍珠

　　产自世界各地美丽璀璨的珍珠不计其数。日本最先发明并完善了人工养殖珍珠的方法，除了日本以外，其他国家或地区（澳大利亚、中国、库克群岛、印度尼西亚、菲律宾和大溪地）也养殖美丽的珍珠。还有一些国家也将成为养殖珍珠的重要产地，它们曾经以天然珍珠闻名世界，包括印度、墨西哥、泰国、委内瑞拉、越南和美国的夏威夷群岛。

　　无论珍珠出产于何处，都有些共同的特征，但每个国家或产地的珍珠在颜色、晕彩、光泽、大小和形状方面会稍有不同。在本章节，我们将会带你领略来自不同珍珠产地的一些美妙珍珠。本章节的信息和描述将会帮你更好地了解现有的珍珠品种，这些品种有什么独特之处，以及如何选购。

　　无论产自何地，要牢记每个国家都有好珍珠，每个国家也都有坏珍珠。当你在选购时，记住影响珍珠品质最主要的因素：

光泽和晕彩、颜色、表面光洁度、形状、大小，以及彩色珍珠的色调。

🌑 澳大利亚

　　澳大利亚是世界上最大的白色南洋珍珠的产地。澳大利亚产的珍珠能与缅甸最上等的珍珠相媲美。澳大利亚最好的珍珠——巨大的白色珍珠——被许多专家称为现代养殖珍珠市场上的"女皇"。澳大利亚吉树珠（见第二部分第4章）的品质也很好。吉树珠是理想的选择，但现在变得越来越稀少了。

　　·光泽与晕彩　澳大利亚珍珠的光泽丰富而柔滑，比日本AKOYA珍珠更加柔和，但是还达不到产自缅甸上等珍珠那种如丝绸般的柔和。有些澳大利亚产的上等珍珠会被误认为是缅甸产的。

　　·珍珠层厚度　通常珍珠层并不会很厚。近来，大多数澳大利亚产珍珠在牡蛎中培育的时间多达3年，要比中国、日本品种的珍珠培育时间长很多。因而产生的珍珠层要比其他养殖珍珠更厚，通常能达到2mm以上。通过精心照料，澳大利亚的珍珠瑰丽能流芳后世。然而，澳大利亚珍珠的珍珠层厚度一直在减少。选购南洋珍珠时，一定要查看标有珍珠层厚度的正规实验报告。

　　·颜色　澳大利亚珍珠主要是白色，还包括白粉色（白色的珍珠上有粉红色），这种颜色的珍珠最稀少，也最昂贵；银白色的珍珠，同样也很昂贵；还有温暖的奶油粉色，以及蓝色、绿色、金色和黑色色调。

· **表面光洁度**　最稀有的珍珠品种表面是无瑕疵的，但是由于在牡蛎中养殖时间的延长，澳大利亚的珍珠通常会有些小的瑕疵。总体来说，相比中国和日本产的珍珠，澳大利亚珍珠表面上有些小瑕疵也无伤大雅。像所有品种的珍珠一样，购买者应多见识和观察，然后决定哪些是可以接受的。

· **形状**　优质圆形珍珠是最为稀有的。澳大利亚出产圆形和巴洛克形的养殖珍珠，有对称和不对称之分。

· **尺寸**　澳大利亚珍珠很少有小于 10mm 或大于 20mm 的，比较大、稀有且品质优良。

· **加工**　澳大利亚的规矩是越少的人工处理越好。虽然有些澳大利亚出产的珍珠会做一些染色和磨光，但人工处理优化的现象还算较少。澳大利亚的珍珠生产商有着非常高的标准，并且不鼓励对珍珠进行染色和磨光。

中国

中国在珍珠领域潜力巨大，将成为淡水珍珠和海水珍珠的世界领先者。目前中国是世界上最大的淡水养殖珍珠国家，同时海水养殖珍珠的产量也在逐年稳定增长。

· **品质**　虽然中国出产的珍珠有的确实品质优良，光泽亮丽、价格合理，但也在生产一些低质量的珍珠。中国珍珠的质量参差不齐，所以不能宽泛地与日本或其他国家的相似珍珠品种做对比。

·**海水养殖珍珠**　中国是 6mm 及 AKOYA 珍珠的最大出产国。产出的 AKOYA 珍珠质量差别很大，但是总体来说，中国 AKOYA 珍珠近几年的质量得到了很大提升。虽然上等的中国 AKOYA 珍珠仍然无法与上等的日本产 AKOYA 珍珠相提并论（地理差异对水源条件的影响），但总体上中国海水养殖珍珠的质量还是很好的。中国曾尝试生产南洋养殖珍珠，但效果并不好，现在中国将海水养殖珍珠限于 AKOYA 品种。

·**淡水养殖珍珠**　中国出产的淡水珍珠包括米粒形珍珠（一种瘦长偏窄、表面有褶皱的珍珠），还出产更大、更光滑的扁平形珍珠。这种珍珠常常被误认为是日本琵琶湖珍珠，实际上无论在形状、光滑度还是光泽上，都无法与日本琵琶湖珍珠相媲美。但中国在圆形淡水养殖珍珠市场上占主导地位，珍珠生产商成功地培育出众多不同寻常的大个头珍珠。

圆形淡水养殖珍珠（曾经被称为"马铃薯"珍珠）是中国珍珠的亮点。这是一种由中国的"外套膜组织激活"（mantle-tissue activated）技术培育出来的新型淡水养殖珍珠。形状就像一个椭圆形的"马铃薯"一样，"马铃薯"珍珠也因此得名，但现今很多"马铃薯"珍珠的形状其实是标准的"圆形"。"马铃薯"珍珠有多种颜色，包括白色和柔和的淡色。然而这种美丽珍珠的培育技术并不被外人所知，与传统的"外套膜组织移植"技术相比，植入的过程会有所不同。

有些珍珠是通过注入贝珠养殖的有核珍珠。无论如何，上等的"马铃薯"珍珠美丽异常，其中很多珍珠都是全珠质珍珠，光泽与晕彩能与天然珍珠媲美。由于可大规模量产，"马铃薯"珍珠会比其他的圆形珍珠便宜。一开始这些珍珠的直径很少能达到 6mm，但是发展非常迅速；不久直径 7~9mm 的珍珠会成为主流；现今生产的珍珠直径能达到 15mm。在若干年之内，有人预测中国产的圆形淡水养殖珍珠与南洋珍珠将会在价格上竞争激烈。

中国淡水珍珠种类众多，能够覆盖几乎所有颜色、大小、形状（包括棒形、十字形、硬币形、花瓣形、翅翼形）和品质。中国淡水珍珠的品质不一，选购时一定要仔细对比。

选购时需特别关注珍珠的光泽、表面和形状。要牢记许多五颜六色的淡水珍珠是通过人工染色得来的，而白色珍珠通常都会经过过度的人工加工。

🦪 库克群岛

与盛产黑珍珠的法属波利尼西亚一样，库克群岛作为养殖珍珠的后起之秀，出产的珍珠有着别具一格的颜色——从淡紫色到紫红色，都富有魅力。

·光泽与晕彩　与大多数南洋珍珠和法属波利尼西亚黑珍珠一样，库克群岛珍珠的光泽比日本最上等的珍珠更加柔和；库克群岛珍珠的晕彩犹如天鹅绒般柔软，甚至比最优等的大溪地珍珠还要柔和。

· **珍珠层厚度** 库克群岛珍珠由于培育时间较长（通常为2年，但是有些生产商会缩短培育时间），珍珠层都很厚，其厚度能够与养殖南洋珍珠相媲美。

· **颜色** 典型的法属波利尼西亚出产的黑珍珠呈银灰色带点黑色色调，库克群岛黑珍珠主体有着独特的青铜色和深灰褐色，带点灰玫瑰色、淡紫色和紫红色色调，异常美丽。

由于库克群岛黑珍珠仅在 2 个潟湖中培育，所以颜色非常统一，而法属波利尼西亚的黑珍珠是在 50 个潟湖中培育的。每个潟湖生产的珍珠颜色上都会略有不同（这是由于水环境不同）。因此，人们说起库克群岛珍珠时，就会联想那独特的色调——灰玫瑰色、淡紫色、紫红色——而其他地区的黑珍珠则是其他色调。库克群岛珍珠性价比很高，值得购买，因为它们还不像拥有其他色调的黑珍珠一样昂贵。如果库克群岛珍珠流行起来，价格也会越来越高。

· **品质** 虽然当今很少有黑珍珠能与上等的大溪地黑珍珠相提并论，但总体来说，在外形、表面光洁度和光泽方面，库克群岛珍珠与大多数其他地区的黑珍珠旗鼓相当。库克群岛珍珠十分漂亮，价格实惠，值得购买。

· **大小** 很少会小于 8mm，最大的珍珠通常比大溪地珍珠要小。

· **加工** 无漂白、染色或人工增强，只做最少的人工加工。

斐济

斐济珍珠是珍珠世界冉冉升起的一颗新星，绽放出异常夺目的光彩。斐济珍珠和法属波利尼西亚、库克群岛养殖黑珍珠属于同一家族（黑唇珠母贝），但是斐济珍珠凭借其颜色和个头脱颖而出。斐济的牡蛎在山区沿海地区的岸礁里生长，能够产出巨大而拥有独特色彩的珍珠，与其他黑唇珠母贝家族的珍珠不同，这些珍珠是鲜艳的金色和明亮的淡色。斐济还盛产绚丽多姿、个头大的柯氏珍珠，这种珍珠是许多珍珠收藏家和珠宝设计师追捧的瑰宝。

·**光泽与晕彩**　有的斐济珍珠光泽像天鹅绒般柔和，有的却异常明亮。由于珍珠层较厚，这些珍珠通常晕彩都很明显，看起来泛着彩虹色的光。

·**颜色**　斐济珍珠以独特颜色闻名于世。最有代表性的是淡色色调，包括黄色、粉色、淡绿色和银色。有的斐济珍珠会更鲜亮，亮色色调如金色、孔雀绿、紫红色和蓝色，更深、更奇异的色调有绿色、青铜色和棕色。孔雀绿色调通常出现在蓝色与绿色珍珠中，亮绿色伴色在金色斐济珍珠中能够见到。

·**表面光洁度**　无瑕疵的斐济珍珠异常稀少。典型的斐济珍珠有小的瑕疵。有明显白色瑕疵的斐济珍珠不受欢迎，价格也会低很多。

·**形状**　完全圆形的斐济珍珠非常稀少，尤其是表面光洁、光泽强烈的更加稀有。对称的梨形珍珠同样也很少见。其他形状的珍珠较多，包括半巴洛克形、巴洛克形、圆圈形（也被称为环形）。

·尺寸 斐济珍珠很少有直径小于 9mm 的，平均直径在 10~12mm。大约有 5% 的珍珠直径能达到 14mm，对于珠母贝家族来说是很高的比例。

·加工 斐济珍珠百分之百保证不会被漂白、染色或者通过任何人工方法进行颜色增强。斐济珍珠只会经过一些初级的清洗、打磨等常规的必要加工。

印度尼西亚和菲律宾

印度尼西亚和菲律宾出产的异域风格的奶油色、黄色和金色的珍珠在市场引发了轩然大波。许多年来，传统的纯白珍珠要比暖色调的奶油色或黄色珍珠更受人们青睐。然而潮流变了。珍珠的消费者变得更加精明，不再使用统一的规则来判断珍珠的好坏，颜色也慢慢淡去了好坏之分。印度尼西亚和菲律宾优质养殖珍珠对于喜欢暖色调的消费者来说是一个绝佳选择。

下面将会带你一起领略一下恬静而充满异域风情的菲律宾养殖珍珠（对于印度尼西亚珍珠，我们只能表示非常遗憾，之前印度尼西亚出产浓郁的深金色珍珠，还生产美丽的带点瑕疵的粉色珍珠。但遭遇了一系列的自然灾害之后，印度尼西亚的珍珠生产受到了巨大影响。因此，接下来会着重介绍菲律宾珍珠。不过现在印度尼西亚珍珠的产量和品质都有所回升，占了当今南洋养殖珍珠市场产量的 30%。印度尼西亚应当在成为高品质南洋养殖珍珠主要出产国的道路上继续前进）。

菲律宾

生产优质南洋养殖珍珠的主要条件是拥有干净健康的海洋环境，而菲律宾珍珠养殖场一直在朝着这个方向努力。

菲律宾的巴拉望群岛（Palawan）具有丰富的海洋生态资源，是菲律宾珍珠养殖的理想场所。巴拉望群岛原始的水生环境、强水流循环和温和的气候给大珠母贝牡蛎提供了生长和培育南洋养殖珍珠的理想环境。

在贝类孵化场之前，天然牡蛎养殖场很早就建成了，但是随着采珠业和过度开发，大珠母贝的野生养殖场濒临消失。因此，珠农们开始有节制地进行牡蛎饲养。除了保护金唇珠母贝，贝类孵化场还保证有充足的牡蛎来培育菲律宾南洋养殖珍珠。贝类孵化场按照牡蛎的年龄和大小来分批生产，确保出产的珍珠品质统一。

·品质　菲律宾珍珠有一部分和其他南洋珍珠生产国一样，都产自白唇牡蛎。还有一部分菲律宾珍珠产自黄唇牡蛎，这类牡蛎培育的珍珠是深金色的，更加浓郁。菲律宾珍珠的品质与其他南洋珍珠相近，但是晕彩更加明亮；珍珠层厚度比中国养殖珍珠和日本养殖珍珠要厚；形状多种多样，表面光洁度参差不齐；整体个头比中国养殖珍珠和日本养殖珍珠要大，能够达到其他地区南洋珍珠的大小（印度尼西亚珍珠通常比其他地区南洋珍珠要小，与大颗 AKOYA 珍珠个头相近。在较小个头的珍珠中，印度尼西亚珍珠具有厚实的珍珠层，是替代大 AKOYA 珍珠的理想选择）。

有3/4的菲律宾珍珠会被拿来充当圆形珍珠出售。

·**颜色**　虽然如今印度尼西亚也产出一些小颗的纯白珍珠（10~11mm），但颜色依旧是菲律宾珍珠和印度尼西亚珍珠独有的特征，有的是带点黄色色调的奶油色，也有的是浓郁的深金色，这些颜色非常适合棕色和茶色的肤色。珍珠的颜色越浓郁就越稀有。优质的深金色珍珠甚至比同等白粉色的南洋养殖珍珠还要昂贵；浅黄色或奶黄色不是很罕见，价格上也会比同等白色南洋珍珠稍低廉。

在评估颜色时，一定要弄清楚什么颜色是你喜欢的，什么颜色是最稀有、珍贵的，以及什么颜色是较常见的。另外，关于主体色和伴色，记住对于黄色珍珠来说，无论伴色有多淡或有多深，伴色是评价黄色珍珠的重要的标准；伴色少许不同就能导致价格上天差地别。

小贴士：比较彩色珍珠时，一定要在相同光线条件下进行比较。因为这些彩色珍珠在日光下、室内荧光灯下、白炽灯下、聚光灯下会表现出不同的颜色。

·加工　菲律宾珍珠无漂白、染色或人工增强，不会使用任何化学用品，无表面涂层。优质珍珠只有常规的清洗；低品质的珍珠会使用机械抛光。

> 有些低品质珍珠会通过人工上色和表面涂层来仿造成优质菲律宾珍珠。因此，要查看珍珠的实验报告来确定它的颜色和光泽是天然形成的，而非人造的。

◍ 日本

日本出产的 AKOYA 珍珠被人们称作"珍珠中的珍珠"——圆润华丽、富有光泽、颜色纯白。虽然最上等的日本养殖珍珠比较昂贵，尤其是 8mm 以上大小的，但比起更大、更昂贵的南洋珍珠（很多人都买不起，只能想想罢了），日本珍珠就显得不是那么贵了。

·光泽与晕彩　优质的 AKOYA 珍珠在白色圆形海水养殖珍珠中光泽最为强烈。选购时要选具有强烈光泽的 AKOYA 珍珠，不要选光泽微弱的珍珠，光泽弱表示珍珠层较薄。当珍珠层较厚时，旋转珍珠就可以看到珍贵而柔和的彩虹色，人们将这种彩虹色称为"晕彩"。

在价格承受范围内要选购最有光泽的，千万别选购那些光泽弱的。光泽强烈永远是第一位的，即使这颗珍珠的形状不是那么完美或者表面有小的瑕疵，也无所谓。

· **珍珠层厚度**　比起南洋珍珠来说，日本 AKOYA 珍珠的珍珠层要薄一些。由于生产商不同，AKOYA 珍珠的珍珠层厚度也不尽相同，总的来说，日本 AKOYA 珍珠比中国 AKOYA 珍珠还是要厚一些。有些最上等的日本养殖珍珠的珍珠层非常厚。通常日本 AKOYA 圆形珍珠的平均珍珠层厚度都在 0.35mm 以下，有些甚至还达不到 0.1mm。而最上等的日本 AKOYA 珍珠的珍珠层厚度能够达到 1mm（珍珠层在圆形珍珠的两边，相当于占珍珠直径的 2mm）。还有一些特别稀有的珍珠，珍珠层厚度超过 1mm。

· **颜色**　通常都是白色的。最稀有的品种是白色表面带点粉红色的；有些品种带点奶油色，看起来也很舒服、美丽；还有一些有着微微绿色伴色，价格会稍低点，但搭配特定肤色看起来会非常优美。总的来说，白色日本珍珠要比中国珍珠更加白一些。偶尔有些日本珍珠有不常见的颜色，包括粉色、蓝色、金色和灰色。日本也出产天然黑珍珠，这些黑珍珠也是通过黑唇牡蛎培育的，在外表上与法属波利尼西亚黑珍珠相似，但是个头稍小。

· **形状**　日本养殖珍珠具有许多形状，包括圆形和巴洛克形；有对称的，也有不对称的。日本 AKOYA 珍珠通常都比其他珍珠更圆一些。但是要牢记，珍珠圆的程度并不是判断珍珠是否优质的标准——**通常比较圆的养殖珍珠的珍珠层较薄**，这是由于这些珍珠在牡蛎体内的时间不够长，还没有开始变得畸形。因此当选购圆形 AKOYA 珍珠时，一定要选那些光泽强烈的。

巴洛克形 AKOYA 珍珠也非常理想，尤其是泪滴状或其他带彩虹色、特殊形状的珍珠——比圆形 AKOYA 珍珠要实惠。有时这些珍珠形状会像花或动物一样，我们不得不感叹大自然真是鬼斧神工！

·尺寸　日本 AKOYA 珍珠的直径在 2~12mm，但超过 10mm 的珍珠很稀少。7.5mm 以下珍珠的价格会明显低很多，而大于 8mm 的珍珠价格会跳涨。日本珍珠正从出产小于 6mm 直径转型到出产 8mm 以上的珍珠。

·加工　最上等的日本珍珠只有必要的加工程序，但是有些日本珍珠会受到过度加工，包括化学漂白、抛光和染色。

淡水养殖珍珠

在淡水珍珠里，日本的琵琶珍珠（产自琵琶湖）曾经是淡水珍珠的行业标杆。由于需要保护琵琶湖湖岸的生态环境，琵琶珍珠现在已经几乎完全停产了（许多中国淡水养殖珍珠被拿到日本当作琵琶珍珠来出售，其实这些珍珠与琵琶珍珠并不属于同一类型，样子也有所不同）。在自然选择的规律下，琵琶珍珠逐渐淡出了历史舞台。而霞浦湖珍珠进入了人们视野，这些珍珠富有光泽、大而圆润且带点粉红色。霞浦湖珍珠是有核珍珠，颜色从粉红到淡红。在品质方面，上等的霞浦湖珍珠品质非同一般，异常圆润而光滑，光泽强烈。大小与南洋养殖珍珠差不多，但是价格却比南洋珍珠低。相比大颗的中国淡水养殖珍珠，上等的霞浦湖珍珠要贵一些，但是中国淡水养殖珍珠颜色更多，包括白色和奶油色等。

大溪地和法属波利尼西亚

当人们提到大溪地产的珍珠时，实际上指的是分散在法属波利尼西亚众多的岛屿与潟湖的珍珠。这些珍珠分布在大溪地，并通过执行严格的规章制度来保证出产珍珠的品质优良。

提到美丽与浪漫，没有什么地方能与大溪地相提并论，在珍珠方面同样如此——天然大溪地黑珍珠是人们追求的珍宝。大溪地养殖珍珠是所有珠宝中最受欢迎的。世界著名珠宝公司海瑞温斯顿在纽约见到第一串大溪地珍珠时，就坚信这种珍珠是无上至宝，并将 20 串大溪地珍珠全部买下。这还是发生在 1978 年的事。今天大溪地养殖珍珠是世界上黑珍珠的标杆。

大多数黑珍珠其实是"灰"色的，但是人们习惯用"黑"字来代表由大个头的黑唇珠母贝培育的珍珠。这种牡蛎——成熟体能达到 12 英寸——能够产生深色的珍珠层，这也正是黑珍珠有着与众不同颜色的原因。不要将天然黑珍珠和天然珍珠混为一谈了，这里天然黑珍珠仅仅代表颜色是天然的，但珍珠是人工养殖的（天然黑色。天然生长成的珍珠也是存在的，但非常稀有且颜色是黑色偏青铜色的）。

近几年，上等大溪地珍珠的产量锐减，导致人们开始使用不同的人工加工方法来改善珍珠的外观。这些珍珠的价格要比天然优质黑珍珠的价格低。大溪地政府禁止出口珍珠层厚度小于 0.8mm 的珍珠。但是在这之前，已经有珍珠层小于 0.4mm 的珍珠进入了市场。

·光泽与晕彩　大溪地黑珍珠的光泽比其他种类的珍珠更加柔和，像天鹅绒一般，但是也能够展现出像金属球般强烈的光泽。强烈的彩虹色是大溪地黑珍珠的特点，这也让大溪地黑珍珠散发着独特的异域风情。

·珍珠层厚度　大溪地黑珍珠通常珍珠层较厚。最优等的大溪地黑珍珠的珍珠层平均厚度占总直径的 2mm 之多，但是优等大溪地黑珍珠通常珍珠层厚度有 1mm，比 20 年前出产的珍珠要薄很多。如今薄珍珠层的大溪地养殖珍珠较为常见。

·颜色　大溪地黑珍珠具有鲜明的颜色，从稍浅的"鸽子灰"到中等深度的"铁灰色"。还有一些其他颜色，包括不常见的"孔雀绿"（一种带着洋红伴色的鲜绿色）、"茄子紫"（一种带着绿色伴色的洋红色）、绿色、橄榄绿、蓝色、洋红色，还有"海沫绿"（一种带点浅蓝伴色的银绿色）。珍珠的颜色越靠近棕色和青铜色，价格就越低，但外观还是很漂亮的。

单颗大溪地黑珍珠的颜色常常并不一致。有的珍珠一端是黑色的，另一端却变淡很多；从珍珠的一端到另一端会有颜色的渐变。渐变色也增加了大溪地珍珠的魅力。每一颗大溪地珍珠都是独特的，颜色越统一就越稀有，大多数情况下价格也就越高。

· **表面光洁度** 几乎毫无瑕疵的大溪地珍珠是十分罕见的。大溪地珍珠通常都会带点小瑕疵，但是大溪地珍珠的颜色为深色，这些小瑕疵就显得不是那么明显，甚至较大的瑕疵也变得不是很明显。通过仔细观察，你会发现大多数天然养殖黑珍珠表面都有小缺陷；即使表面瑕疵较大且清晰可见，这颗珍珠价格会低一些，但依然具备吸引力。你需要多见识和观察一些养殖黑珍珠，明白哪些黑珍珠是能接受的。

· **形状** 拥有完美圆形的大溪地珍珠十分罕见，形状完美的同时还拥有较优品质的大溪地珍珠更是凤毛麟角（也是因为在牡蛎体内培育时间较长导致）。其他值得选购的形状包括近圆形、纽扣形、泪滴形和目前流行的大溪地戒指形珍珠（见第二部分第4章），这些形状的珍珠价格实惠并且非常受国际各大首饰设计师的喜爱。

· **尺寸** 通常不会小于8mm，平均直径在10~12mm；14~17mm的大溪地珍珠就算很大了，较为稀有。直径在14mm以上且品质优良的大溪地十分罕见且价格高昂；而由这种珍珠组成的珍珠链则极为罕见，且价值连城。

· **加工** 通常大溪地珍珠只有必要的常规加工，但是漂白、染色、人工增强有增加的势头。人们越来越多地使用抛光来减少珍珠表面的瑕疵，然而这会让珠层厚度减小。

偶尔也有色泽不佳的南洋珍珠和大溪地珍珠通过染色、辐射或硝酸银等处理，来冒充"天然黑珍珠"。虽然这种现象还未成气候，也时有发生。因此，考虑到黑珍珠高昂的价格，在选购时建议要确认珍珠的实验报告上标有"天然"色。

漂白过的珍珠会有记录，通过漂白可以制造出流行的巧克力色珍珠。

·巧克力珍珠　如今人工后期处理珍珠已经被市场所接受，并在世界各地广泛销售。巧克力珍珠就是宠儿——色彩改变过的大溪地养殖珍珠，由于颜色与巧克力非常相近而得名。巧克力珍珠具有温暖的茶色色调，从深棕色到浅棕色、古铜色、青铜色或蜂蜜色都有，在时尚圈引起了一阵风潮。

巧克力珍珠并不都是一样的。起初制造并掀起巧克力珍珠热潮的那家公司如今依然存在，也是巧克力珍珠的唯一生产商。这家公司使用"两步法"将珍珠处理成巧克力色：第一步是先将比较黑的大溪地珍珠漂白到棕色（与漂白 AKOYA 珍珠到白色的原理一样）；第二步是将这个颜色固定。由于需要用特定的珍珠进行人工处理，巧克力珍珠的产量有限。巧克力珍珠直径在 9~17mm，但是实际上超过 15mm 已经非常稀有了。巧克力珍珠的光泽从丝绸般柔和到钢球般强烈都有。和其他大溪地养殖珍珠一样，巧克力珍珠主体颜色也有其他漂亮的伴色。巧克力珍珠颜色稳定、不易掉色，具有独一无二的外观，与其他染色的珍珠区别很大。

染色珍珠的数量不断增长，这需要引起人们的重视。这些珍珠通常都是由颜色不佳的白色南洋珍珠通过染色制造出来的，不属于大溪地珍珠，并且与真正的巧克力珍珠相比，缺乏伴色。总的来说，染色巧克力珍珠的外观较为单调——染色黑珍珠也是一样——更重要的是，染色巧克力珍珠的颜色并不稳定，会掉色。

这些染色的巧克力珍珠价格应当比"两步法"生产的巧克力珍珠更低。但许多珠宝商并不清楚这些巧克力珍珠制造的过程，因此会被误导。但好在我们可以用眼睛来看出差别。如果一颗巧克力珍珠的颜色太过均匀——缺乏其他颜色的伴色——珍珠整体外观很简单，那么这颗珍珠很有可能是染色而成的。千万不要花费真正的巧克力珍珠的钱，却买到染色巧克力珍珠。

🦪 美国和墨西哥

"新世界"（现代创新的发源地）里孕育出一种新型珍珠——美国淡水养殖珍珠，这不足为奇。美国淡水珍珠产自田纳西州的珍珠农场，与其他种类的珍珠迥然不同（见第二部分第 4 章）。如果想选购一款独特的巴洛克形或其他异形珍珠，美国淡水珍珠是一个好的选择。如果你正在考虑购买马贝珍珠，那么漂亮又耐久的美国固体水泡珍珠（如穹顶珍珠）也会是不错的选择。

·光泽与晕彩　光泽强烈，晕彩饱满。

·珍珠层厚度　它是所有养殖珍珠中珍珠层最厚的，这与珍珠核大小有关。

·颜色　有多种中性色，包括白色、银色、灰色和奶油色；自然的颜色中透着粉色、桃红色和薰衣草色色调。

·表面光洁度　由于在牡蛎体内培育的时间要远远长于其

他任何品种的珍珠，美国淡水养殖珍珠表面毫无瑕疵的非常少见；常见的都是小瑕疵，比起其他种类的养殖珍珠，美国淡水养殖珍珠的瑕疵更容易让消费者接受。

·形状　主要是巴洛克形，还有一些异形，包括棒形、水滴形、梨形、硬币形、椭圆形、卵形、马眼形和圆顶平底形。其他形状（圆形、心形和泪滴形）在固体水泡珍珠中能够见到（圆形美国淡水珍珠数量有限，但是美国承诺淡水珍珠的出产数量将大大提升）。

·尺寸　由于形状不同，珍珠的大小差异很大；圆顶平底形珍珠小的仅有 9~11mm，而大的能达到 40mm。

·加工　只有常规必要的清洗而已，无漂白、染色或人工增强。

墨西哥用不传统的方法来让传统延续

如今墨西哥瓜伊马斯（Guaymas）附近的加利福尼亚湾出产养殖珍珠。运营养殖珍珠场的数量有限，因此墨西哥珍珠还未广泛普及，但最近几年墨西哥珍珠的成功也许会让这种状况改变。从 16 世纪到 20 世纪初，这片土地因美丽的天然珍珠而声名远扬；由于过度开发和疾病，自然河床逐渐缩小，最早的养殖珍珠就在这片土地上培育，直到 1910 年内战爆发，养殖项目被迫停止。

现在墨西哥出产的珍珠包括马贝珍珠和圆形养殖珍珠，由彩虹唇珠母贝培育而成。这些珍珠有许多自然颜色，包括罕见的深彩虹紫、玫瑰色、银蓝色、粉红色，以及少见的白色和金色。墨西哥珍珠产量太少，没办法和其他国家的养殖珍珠做对比，但是墨西哥珍珠的珍珠层都非常厚，最上等的珍珠光泽强烈，晕彩饱满，形状美观，并且无化学加工。

第9章 珍珠价格指南

比较珍珠价格时，人们总是想找到一个简单的答案，却忽略了价格问题非常复杂。许多人都会根据品质和大小来将珍珠分类，标出品种和价格。但是市场在不断变化，全球又没有通用的质量评分标准，因此简单的标价几乎不可能。

在本章中，我们还是会给消费者提供一个指导价。通过指导价，你能够明白不同种类的珍珠价格上有何区别，以及珍珠的大小、品质是如何影响价格的。

本章表格内的价格并不是你在珠宝店里购买相应珍珠时的对应价格，但可以作为价格对比的参考依据。

美国养殖淡水珍珠

硬币形
每颗珍珠的价格

	好	极好	珠宝级别（最佳）
10.5mm×4mm	$40.00~70.00	$80.00~100.00	$130.00~150.00
12.5mm×4mm	$50.00~90.00	$100.00~130.00	$160.00~300.00
大于13mm	$80.00~130.00	$170.00~250.00	$350.00~400.00
大于14mm	$120.00~170.00	$200.00~320.00	$350.00~500.00

棒形
每颗珍珠的价格

	好	极好	珠宝级别（最佳）
15.2~16mm×3~3.5 mm	$24.00~50.00	$60.00~70.00	$90.00~100.00
16~17mm×3.5~4 mm	$30.00~40.00	$80.00~90.00	$50.00~60.00
20mm×9.5mm×7 mm	$160.00~250.00	$300.00~400.00	$400.00~1000.00

扁形
每颗珍珠价格

	好	极好	珠宝级别（最佳）
17.5mm × 8mm × 5.5 mm	$40.00~90.00	$90.00~100.00	$150.00~160.00

卵形
每颗珍珠价格

	好	极好	珠宝级别（最佳）
24.5mm × 7mm × 4.5 mm	$50.00~70.00	$80.00~90.00	$150.00~160.00

成对的珍珠价格会更高一点，大约高 10%。自然色的珍珠较难配成对。表中价格针对无染色、漂白和人工增强的珍珠，尺寸大约在 1mm 以内。若出售的珍珠光泽和晕彩强烈，为圆形或对称形状，则售价将会比表中价格高很多。

数据来源：*The Gem Guide*,Gemworld International,Inc.,Glenview, Illinois. Prices adjusted to retail.

海水养殖珍珠项链

短项链（长度16英寸）/公主型项链（长度18英寸）

带有14K金搭扣，每串项链的价格

	商业级 1-4 B	良 4-6 A	优 6-8 AA	特别优 8-10 AAA
2~2.5mm 16 英寸	$200~250	$250~500	$500~650	$650~750
2.5~3mm 16 英寸	$200~300	$300~500	$500~650	$650~700
3~3.5mm 16 英寸	$200~300	$300~500	$500~650	$650~730
3.5~4mm 16 英寸	$200~325	$325~500	$500~700	$700~800
4~4.5mm 16 英寸	$200~330	$330~550	$550~750	$750~1000
4.5~5mm 16 英寸	$200~370	$370~600	$600~800	$800~1200
5~5.5mm 16 英寸	$200~400	$400~800	$800~1100	$1100~1400
5.5~6mm 16 英寸	$240~500	$500~800	$800~1000	$1000~1300

	商业级 1-4 B	良 4-6 A	优 6-8 AA	特别优 8-10 AAA
6~6.5mm 18 英寸	$200~500	$500~900	$900~1500	$1500~2000
6.5~7mm 18 英寸	$250~550	$550~1200	$1200~1800	$1800~3000
7~7.5mm 18 英寸	$400~700	$700~1400	$1400~2400	$2400~4000
7.5~8mm 18 英寸	$500~1000	$1000~1800	$1800~3400	$3400~5200
8~8.5mm 18 英寸	$700~1500	$1500~2600	$2600~4400	$4400~7000
8.5~9mm 18 英寸	$1000~2200	$2200~4400	$4400~6000	$6000~9200
9~9.5mm 18 英寸	$2200~4400	$4400~7000	$7000~11000	$11000~16000
9.5~10mm 18 英寸	$2600~6000	$6000~10000	$10000~16000	$16000~24000

一些制造商也许会生产 5~5.5mm 和 5.5~6mm 长度 18 英寸的珍珠项链。

若出售的珍珠光泽和晕彩强烈，为圆形或对称形状，则售价将会比表中价格高很多。

数据来源：*The Gem Guide*, Gemworld International,Inc.,Glenview,Illinois. Prices adjusted to retail.

海水养殖珍珠项链

玛蒂妮项链（Matinee，长度 24 英寸到 27 英寸）

带有 14K 金搭扣，每串项链的价格

	商业级 1-4 B	良 4-6 A	优 6-8 AA	特别优 8-10 AAA
2~2.5mm 24 英寸	$300~400	$400~750	$750~950	$950~1150
2.5~3mm 24 英寸	$300~450	$450~750	$750~1000	$1000~1200
3~3.5mm 24 英寸	$300~450	$450~750	$750~1000	$1000~1200
3.5~4mm 24 英寸	$300~450	$450~750	$750~1050	$1050~1250
4~4.5mm 24 英寸	$300~500	$500~850	$850~1150	$1150~1350
4.5~5mm 24 英寸	$300~560	$560~900	$900~1200	$1200~1500
5~5.5mm 24 英寸	$300~600	$600~1200	$1200~1650	$1650~2100
5.5~6mm 24 英寸	$360~750	$750~1200	$1200~1500	$1500~2000
6~6.5mm 27 英寸	$300~750	$750~1400	$1400~2250	$2250~3300
6.5~7mm 27 英寸	$380~850	$850~1800	$1800~2700	$2700~4500
7~7.5mm 27 英寸	$600~1100	$1100~2100	$2100~3600	$3600~6000
7.5~8mm 27 英寸	$750~1500	$1500~2700	$2700~5000	$5000~8000
8~8.5mm 27 英寸	$1050~2250	$2250~4000	$4000~6600	$6600~10000
8.5~9mm 27 英寸	$1500~3300	$3300~6600	$6600~8000	$8000~13000
9~9.5mm 27 英寸	$3300~6600	$6600~10500	$10500~16000	$16000~24000
9.5~10mm 27 英寸	$4000~10000	$10000~16000	$16000~24000	$24000~36000

若出售的珍珠光泽和晕彩强烈，为圆形或对称形状，则售价将会比表中价格高很多。

数据来源：*The Gem Guide*, Gemworld International, Inc., Glenview, Illinois. Prices adjusted to retail.

海水养殖珍珠项链

歌剧型项链（长度 32 英寸到 36 英寸）

带有 14K 金搭扣，每串项链的价格

	商业级 1-4 B	良 4-6 A	优 6-8 AA	特别优 8-10 AAA
4~4.5mm 32 英寸	$400~650	$650~1100	$1100~1600	$1600~2000
4.5~5mm 32 英寸	$400~700	$700~1200	$1200~1700	$1700~2100
5~5.5mm 32 英寸	$400~800	$800~1600	$1600~2200	$2200~2800
5.5~6mm 32 英寸	$400~1000	$1000~1600	$1600~2000	$2000~2600
6~6.5mm 36 英寸	$400~1000	$1000~1800	$1800~3000	$3000~4400
6.5~7mm 36 英寸	$500~1100	$1100~2400	$2400~3600	$3600~6000
7~7.5mm 36 英寸	$800~1400	$1400~2800	$2800~4800	$4800~8000
7.5~8mm 36 英寸	$1000~2000	$2000~3600	$3600~6400	$6400~10000
8~8.5mm 36 英寸	$1400~3000	$3000~5200	$5200~8800	$8800~14000
8.5~9mm 36 英寸	$2200~4400	$4400~8800	$8800~12000	$12000~18000
9~9.5mm 36 英寸	$4400~8800	$8800~14000	$14000~22000	$22000~36000
9.5~10mm 36 英寸	$5000~12000	$12000~20000	$20000~32000	$32000~45000

海水养殖珍珠项链

渐变型项链（长度19英寸）
带有14K金搭扣，每串项链的价格
中间大珍珠、两端小珍珠

	商业级 1-4 B	良 4-6 A	优 6-8 AA	特别优 8-10 AAA
3mm×7mm	$350~550	$550~850	$850~1350	$1350~2000
4mm×8mm	$400~600	$600~1200	$1200~1800	$1800~3000

若出售的珍珠光泽和晕彩强烈，为圆形或对称形状，则售价将会比表中价格高很多。

数据来源：*The Gem Guide*, Gemworld International, Inc., Glenview, Illinois. Prices adjusted to retail.

南洋养殖珍珠

每颗珍珠价格

	商业级 1~4 B	良 4~6 A	优 6~8 AA	特别优 8~10 AAA
10~11mm	$170~360	$360~500	$500~800	$800~1100
11~12mm	$200~400	$400~650	$650~1000	$1000~1700
12~13mm	$300~500	$500~850	$850~1500	$1500~2000
13~14mm	$500~700	$700~1200	$1200~2000	$2000~3600
14~14.5mm	$600~1000	$1000~1800	$1800~3200	$3200~6000
14.5~15mm	$700~1400	$1400~2600	$2600~5000	$5000~7000
15~15.5mm	$1000~1600	$1600~3200	$3200~6000	$6000~4000

若出售的珍珠光泽和晕彩强烈，为圆形或对称形状，则售价将会比表中价格高很多。

数据来源：*The Gem Guide*,Gemworld International,Inc.,Glenview,Illinois. Prices adjusted to retail.

大溪地养殖黑珍珠

圆形
每颗珍珠价格

	商业级 C	良 B	良+ B+	优 A
8mm	$60~75	$75~90	$90~110	$110~250
8~8.5mm	$50~100	$100~180	$180~270	$270~380
8.5~9mm	$50~110	$110~200	$200~330	$330~400
9~9.5mm	$60~140	$140~250	$250~440	$440~570
9.5~10mm	$70~150	$150~280	$280~450	$450~600
10~10.5mm	$90~170	$170~400	$400~490	$490~750
10.5~11mm	$100~180	$180~420	$470~530	$530~770
11~11.5mm	$120~270	$270~450	$450~600	$600~800
11.5~12mm	$140~290	$290~480	$480~770	$770~880

大溪地养殖黑珍珠

圆形
每颗珍珠价格

	商业级 C	良 B	良+ B+	优 A
12~12.5mm	$160~320	$320~560	$560~780	$780~1,150
12.5~13mm	$180~360	$360~700	$700~950	$950~1,750
13~13.5mm	$200~400	$400~800	$800~1100	$1100~1800
13.5~14mm	$220~500	$500~850	$850~1325	$1325~2400

比 12mm 大的珍珠和项链是可议价的。

成对的珍珠价格要高 10%。

若出售的珍珠光泽和晕彩强烈，为圆形或对称形状，则售价将会比表中价格高很多。

数据来源：*The Gem Guide*,Gemworld International,Inc.,Glenview,Illinois. Prices adjusted to retail.

大溪地养殖黑珍珠

水滴形或纽扣形
每颗珍珠价格

	商业级 C	良 B	良+ B+	优 A
8mm	$35~60	$60~90	$90~140	$140~225
8~8.5mm	$30~50	$50~80	$80~130	$130~250
8.5~9mm	$30~50	$50~100	$100~160	$160~270
9~9.5mm	$40~80	$80~120	$120~180	$180~350
9.5~10mm	$60~90	$90~130	$130~200	$200~380
10~10.5mm	$80~120	$120~180	$180~280	$280~400
10.5~11mm	$80~130	$130~220	$220~300	$300~440
11~11.5mm	$100~140	$140~250	$250~440	$440~700
11.5~12mm	$150~190	$190~260	$260~480	$480~750
12~12.5mm	$160~200	$200~360	$360~550	$550~800
12.5~13mm	$180~220	$220~400	$400~700	$700~1000
13~13.5mm	$200~290	$290~500	$500~800	$800~1200
13.5~14mm	$240~320	$320~600	$600~1100	$1100~1600

比 12mm 大的珍珠和项链是可议价的。

成对的珍珠价格要高 10%。

若出售的珍珠光泽和晕彩强烈，为圆形或对称形状，则售价将会比表中价格高很多。

数据来源：*The Gem Guide*,Gemworld International,Inc.,Glenview,Illinois. Prices adjusted to retail.

大溪地养殖黑珍珠

圆圈形
每颗珍珠价格

	商业级 C	良 B	优 A
8mm	$25~50	$50~75	$75~110
8~9mm	$30~60	$60~100	$100~130
9~10mm	$40~70	$70~110	$110~150
10~11mm	$50~80	$80~130	$130~160
11~12mm	$60~120	$120~180	$180~220
12~13mm	$70~140	$140~200	$200~350
13~14mm	$80~180	$180~350	$350~450

比 12mm 大的珍珠和项链是可议价的。

成对的珍珠价格要高 10%。

巴洛克珍珠

每颗珍珠价格

8mm	$10~40
8~9mm	$10~50
9~10mm	$40~80

若出售的珍珠光泽和晕彩强烈，为圆形或对称形状，则售价将会比表中价格高很多。

数据来源：*The Gem Guide*,Gemworld International,Inc.,Glenview,Illinois. Prices adjusted to retail.

中国淡水米粒珍珠项链（白色）

公主项链（长度18英寸）

每串项链价格

	商业级	良	优
4~4.5mm	$5~15	$20~70	$70~180
5~5.5mm	$10~50	$50~100	$100~250
6~6.5mm	$18~60	$60~125	$125~500
7~7.5mm	$25~80	$80~325	$325~850
8~8.5mm	$50~100	$400~1000	$1000~3600
9~9.5mm	$200~400	$500~1500	$2000~5000
10~10.5mm	$400~800	$800~2000	$2500~7000
11~11.5mm	$650~1000	$1000~3000	$3000~9000

若出售的珍珠光泽和晕彩强烈，为圆形或对称形状，则售价将会比表中价格高很多。

数据来源：*The Gem Guide*,Gemworld International,Inc.,Glenview, Illinois. Prices adjusted to retail.

马贝珍珠

每颗珍珠价格
品质从"良"到"优"

圆形	
10mm	$100
11mm	$110
12mm	$120
13mm	$130~140
14mm	$140~170
15mm	$170~190
16mm	$180~240
17mm	$220~390
18mm	$280~400
19mm	$330~500
20mm	$500~650

圆形	
12~14mm	$150~170
14~15mm	$200~250
16~18mm	$330~390

若出售的珍珠光泽和晕彩强烈，为圆形或对称形状，则售价将会比表中价格高很多。

数据来源：*The Gem Guide*,Gemworld International,Inc.,Glenview,Illinois. Prices adjusted to retail.

第五部分

专家的建议

第 10 章　专家讲珍珠

　　在这一章，你会看到来自各国知名专家和珍珠养殖商对珍珠的评价，他们都是国际公认的权威人士。你会发现在这一章中穿插着很多他们的看法，包括很有趣的个人回忆和故事、选择珍珠的建议，以及不寻常的"购买诀窍"。这些是他们根据多年养殖和销售珍珠的经验总结的，既有趣又实用（我们希望你能汲取经验，尤其是他们谈到的共同点，毕竟这些人是"真的知道"）。

　　你会发现这一章非常有助于你更好地了解所需所选。

埃韦·J. 阿尔菲耶（Eve J. Alfillé）
埃韦·J. 阿尔菲耶珠宝馆（美国）

　　埃韦·J. 阿尔菲耶珠宝馆是美国领先的珠宝设计馆，在使用不同品种和颜色的珍珠方面尤为出名。阿尔菲耶曾经是国际珍珠协会的理事会成员，也是国际珍珠协会的创始人和主任。国际珍珠协会是一个珍珠鉴赏组织。

阿尔菲耶——对珍珠光泽的独特见解

　　建议购买者多注意形状与众不同的珍珠。我们已经习惯买圆珍珠，因为供应商供应的就是圆珍珠，大多数珠宝商觉得这是最安全的交易。而我更喜欢不规则形状的珍珠，尤其是大型巴洛克珍珠、吉树珠、琵琶湖的淡水珍珠、美国的淡水珍珠和鲍鱼珍珠。我喜欢它们，因为每一个都是独特的，设计师凭借神奇的创造力，可以设计出最有趣、最独特的珠宝。更重要的是，这些珍珠呈现出特有的、闪耀着彩虹色彩的光泽，这使它们不同于其他珍珠，让它们更加美丽，而这种美丽正是其他珍珠所缺乏的。

白色以外的任何颜色可以创造别样的心情

建议购买者多多关注珍珠不同寻常或细微之处的颜色变化。我们已经被洗脑了，认为自己必须佩戴白色或粉红色的珍珠，但事实并非如此。比如说黑发的人，佩戴精细的象牙色或奶油色会更美。在欧洲，这些奶油色的珍珠能带来溢价，而在美国更实惠。巴洛克珍珠、吉树珠、琵琶珍珠、美洲淡水珍珠，以及中国一些新的淡水珍珠，拥有象牙白、奶油色等可爱的颜色，此外还有各种鲜艳的颜色，如淡紫色、桃色、蓝色、玫瑰色、绿色、金色、灰色。合适的颜色搭配合适的设计，可以塑造出温柔的女性美、安静端庄的感觉或略微的感性美。你也可以与彩色宝石结合，这看起来非常可爱。但为了看到这样的颜色，你需要找一位真正热爱珍珠并擅长挑选珍珠的珠宝商。

萨尔瓦多·阿萨埃尔（Salvador Assael）阿萨埃尔国际公司（Assael International）（美国）

萨尔瓦多·阿萨埃尔是阿萨埃尔国际公司的主席，这个公司以稀有而昂贵的宝石闻名。阿萨埃尔是一位珍珠生产者，也是一位优秀的珍珠进口商，主要进口大溪地的天然黑珍珠和南洋养殖的白珍珠。他对珍珠养殖产业近 50 年的发展产生了重大的影响。此外，他也是美国大溪地黑珍珠协会的会长和南洋珍珠协会的董事。

◐ 阿萨埃尔——关于无价之宝珍珠的故事

如果我可以回忆出所有经手的不可思议的珍珠，不管是天然的还是人工的，我的描述需要的不是一张纸，而是 50 张纸。但最难忘的，仅仅是一个故事。

1986 年，我们整理新到的白色珍珠时，竟然发现一颗令人难以置信的、巨大的纽扣珍珠，直径大约是 24mm。这颗珍珠外形非常精美，但是颜色不尽如人意，毫无疑问是我们见过的珍珠中最不讨喜的。尽管如此，我们还是不得不给它定价，即便我们不知道如何去做。所有的工作人员，包括我自己，都不知道它的价值，但我们最后决定给它定价 3000 美元——因为它罕见的大小和形状。

但是，当我突然把珍珠转过来时，我看到后面有几个重叠层，完全是好奇，我开始在那个特殊的地方剥皮①。我注意到中心层有一个大的开口，这下面有可能藏着更美丽的东西。简短地说，我们决定给珍珠剥皮。这是一场赌博，一方面我们可能

---

① 珍珠层剥离是一种古老的、即将消亡的技术，世界上只有少数珍珠专家知道如何操作。

会破坏已经拥有的东西，另一方面我们可能会发现藏在下面的不同东西。

我们充满希望、兴致勃勃，但是我们也充满怀疑，有可能这个决定是非常愚蠢的。给珍珠剥皮是有很大风险的：它可能会显现更好的东西，同时也可能揭示一些更坏的东西（生活中是不是也常有这样的情况？）。之后，我们终于看到了在表面之下，藏着的东西比我们想象中的更为精致……这是我们曾发现的最难得、最华丽的粉红色珍珠之一！我们静静地凝视着这颗外形精巧、一尘不染、闪着光泽、直径22mm的粉红色珍珠。在那之前，我从来没有见过或处理过这种大小且如此漂亮的珍珠。很少有这样珍贵的珍珠！它很快就以10万美元的价格被抢购了。发现它那难以抗拒的美丽并购买的是一个叫作"伟大的女性社会"的机构（至少珠宝商是这么告诉我们的）。

这是我最喜欢的故事之一。虽然这只是关于一颗珍珠的故事，却如此真实，正如真实的人和生活。我经常从珍珠身上（而不是其他任何宝石上）发现生活本身无尽的隐喻。这也是我如此钟爱珍珠的另一个原因。

养殖黑珍珠的独特象征意义

在自然世界里，我们不仅会发现白色珍珠的柔美，也可以感受到多种颜色如此和谐地融为一体所带来的无与伦比的美丽。波利尼西亚的黑珍珠所散发的光泽如同暴风雨后彩虹的折射，成了人类希望的象征。

世界上最大的养殖黑珍珠

黑蝶贝、黑唇牡蛎养殖培育的天然黑珍珠可以产出大珍珠，有时收获不寻常的珍珠是意料中的事情。而这种牡蛎产出大而圆的珍珠（18mm 以上）却是非常罕见的，品种优良的更为罕见。因此可以想象，1994 年当我们看到由大溪地马鲁特阿湖（Marutea Lagoon）的牡蛎培育出直径为 19mm、圆度完美而质量超群的珍珠时，是多么惊讶。这是迄今为止我们收获的最大的黑色圆形养殖珍珠，也是我们现在唯一拥有的一颗养殖珍珠。

雅克·布拉内莱克（Jacques Branellec）
珠宝国际公司（Jewelmer International）（菲律宾）

雅克·布拉内莱克是珠宝国际公司的主席。1979 年，他和搭档曼努埃尔·科胡昂科（Manuel Cojuangco）一起创立了珠宝国际公司（珠宝国际公司现在是菲律宾南洋珍珠的主要生产商）。雅克·布拉内莱克积极参与培育、收获、销售养殖珍珠已经长达 30 年了。

🔘 布拉内莱克——帮助你找到真正想要的珍珠

　　人们对珍珠的评判带有很大的主观性。钻石的价值可以通过被普遍接受的评测系统精确地评估。珍珠与钻石不同，大部分情况下，珍珠必须进行主观评估。成色和光泽是判断珍珠价值最重要的两个因素。如果成色和光泽都很丰富、很美丽，其他所有的因素都可以留作个人偏好和财务上的考虑。

　　买珍珠的时候，请到有正规鉴定证书的珠宝商处购买，确认珍珠的真实性和颜色的自然性；也可以从知识渊博的零售商那里购买，但最重要的是这些零售商必须具有丰富、专业的珍珠知识。记住，不是所有的零售商都了解珍珠，尤其是珍珠质量和价值的差异（这一点尤其适用于珍珠生产国街道上的那些小摊贩）。你必须寻找真正了解珍珠并知道如何评估珍珠的珠宝商，这是最有保障的选择，从而买到真正质量好的珍珠。

　　你需要像葡萄酒鉴赏家知道酒是从哪里来的那样了解你的珍珠来自哪里，确保与你交易的珠宝商是直接从生产商或声誉很好的进口商那里得到珍珠的，这将有助于保证你们之间的沟通是准确的。

巴塞洛缪·德利亚（Bartholomew D'Elia）
德利亚＆多崎（D'Elia & Tasaki）（美国）

　　巴塞洛缪·德利亚是德利亚＆多崎有限公司的主席，德利亚＆多崎由他的曾祖父在1856年创立，是一家专门从事珍珠生意的公司。德利亚作为珍珠进口商和供应商，已经有超过 40 年的经验。他的职业生涯始于 1948 年，那时他在日本的一个珍珠养殖场学习培育、加工、选择珍珠的知识。他的公司也是当时唯——家在日本有办公室的美国珍珠公司。

💿 德利亚——得到了御木本公司的个人珍藏品，到底发生了什么？

那是 1948 年，我当时 26 岁，正好在东京住，学习珍珠知识。战争结束，日本人和美国人都在努力构建经济上的联系，这给两国带来深远的影响。当时的日本政府正试图打破珍珠行业巨大的垄断现象，并且创立了 CILC——关闭机构清算委员会（Closed Institutions Liquidating Committee）。所有的珍珠都要上缴 CILC，由 CILC 拍卖。所以，我在同一时间试图建立自己的品牌并继续维持德利亚在珍珠行业的领导地位，面对日本的珍珠业不得不面临产品清算的问题。

就在我即将离开日本回国的前天，凌晨 2 点，我接到一个电话。"请问是谁？"我问。"巴特，"电话另一端说，"那个老人想见见你。我不方便在电话里谈论，但我知道这是一个你不想错过的机会。明天到岛来。"他挂了电话。

那个"老人"就是 89 岁的御木本幸吉，他是日本珍珠文化发展的传奇先锋。他认识我的父亲和爷爷，并且是很好的朋友。那个"岛"是他著名的珍珠养殖场，生产了很多世界

德利亚和御木本幸吉。

上最好的珍珠。他在那里生活。我感觉到这是一件非常重要的事情，我一生中也许只会发生一次，所以我取消了回国的行程，去了御木本的多巴岛（Toba island）。

老人跟我打招呼，把我带进了他的小房子里。我注意到当我走进房间的时候，地板发出奇怪的吱吱声。我们坐在一起聊天，大概聊了一盏茶的工夫。老人说："你知道的，我给 CILC 上缴了很多珍珠，"然后他笑了笑，接着说，"但我为自己留了一些。巴特，你现在正坐在它们上面。"

我那时才意识到，御木本家的地板下面是他的私人收藏，而且是由传说中的珍珠大师亲自挑选的。然后他转向我说："如果你想买它们，那就是你的了。"所以，我做了一个一生只此一次的珍珠购买交易，这也是一次我永远不会忘记的交易。

德利亚——对现今珍珠质量和处理的讨论

近年来，很不幸的是，珍珠的原材料（日本称为"hama-age"——未经处理的珍珠）在质量上有很明显的下降。这意味着我们要做的第一件事情是珍珠养殖（这里德利亚指的是珠层的质量和厚度）。一般来说，形状和颜色都很重要，但这在一定程度上也是个人偏好问题。

珍珠原材料受到处理的程度一直很受人们关注。坦率地说，现在过度处理的珍珠很常见，但是过度处理的珍珠往往会失去颜色甚至光泽。

彼得·菲舍尔（Peter Fischer）
格雷集团珍珠事业部负责人（President，Pearl Division，Golay Group）（瑞士）

彼得·菲舍尔是格雷集团国际珍珠网的掌舵人。格雷的珍珠交易的历史可以追溯到1887年，当时在瑞士的创始人路易斯-奥古斯特·格雷（Louis-Auguste Golay）从事天然珍珠和其他宝石的贸易。在20世纪，格雷集团销售网络已经分布13个国家，

有18家珍珠贸易办事处。菲舍尔对珍珠贸易产生了许多重要影响。他加强了珍珠生产和销售的联系，使珍珠可以更好地销往世界各地。

我进入珍珠行业问的第一个问题是，对于几乎所有的珍珠，为什么专家都会把珍珠的形状、大小和颜色作为评判珍珠质量的标准，这些因素并不影响珍珠的内在质量。高质量的珍珠，可以是不同的大小、不同的形状、不同的颜色。因此，在选择珍珠方面，我给所有人的第一个建议是忽略很多所谓"专家"的说法，从形状、尺寸和颜色等方面选择你真正喜欢的珍珠。

珍珠的内在品质是最重要的因素，而影响珍珠内在品质的最重要的两个方面是珍珠层和光泽度——珍珠层反映了珍珠的本质，光泽度反映了珍珠的生长环境。即使你的预算非常有限，这两点也是不能做出让步的，如今在这两点上让步就更没有必要了。我们有幸生活在21世纪，这是珍珠的时代，珍珠的养殖数量足以确保珍珠的质量，即色彩有深度、有光泽，价格从100美元到超过100万美元不等，可以满足不同人的需求。

精美的、漂亮的珍珠具有独特的个性。高雅的晚会中，珍珠项链是最完美的饰品，可以和谐地融入晚会；同时，对于不过分讲究穿戴的人来说，珍珠项链也可以搭配牛仔裤。珍珠的美丽在于其风格可以随佩戴者而变化，不需要佩戴者考虑珍珠的搭配风格。

我个人认为珍珠是送给爱人最理想的礼物。几个世纪以来，珍珠那柔和的光芒、感性的曲线、无比的纯洁，让它成为爱的完美象征。当我看到妻子佩戴着珍珠，我会感到无比喜悦和骄傲，因为珍珠和我的妻子形成了一种自然而美丽的互补，衬托着彼此的美好。

H. A. 汉尼（Dr. H. A. Hanni）
瑞士宝石学会（Swiss Gemmological Institute）（瑞士）

H. A. 汉尼博士是瑞士宝石学研究所所长，是世界首屈一指的宝石学家，也是宝石学界领先的研究科学家。在欧洲，他

被特许查看世界上最精美的宝石和珠宝，其中很多是皇家拥有的。因此，他在精美的天然珍珠和养殖珍珠方面有着丰富的经验。

💠 汉尼——关于何时购买珍珠的几个因素的比较

首先，我解释一下珍珠报告中的用词。我们实验室对带珠核（珍珠母壳核）的养殖珍珠的珍珠层厚度还从未有明确的要求，如果有这样的要求，我们会很乐意遵守。这很容易实现，因为我们知道珍珠的实际直径，可以计算出细晶膜阴影的放大系数（这里汉尼指的是覆盖核的珍珠层，也就是在X射线中观察到的那层）。由于没有珍珠层厚度公认的质量指标，所以我们在书面报告中不能使用像"厚"或"薄"这样的字眼，但我们可以用单位"mm"来表示实际的珍珠层厚度。

天然珍珠

· 我认为，挑选天然珍珠最重要的因素是：尺寸、光泽、形状、颜色和成色。不要期待从成串的珍珠上看到相同的均匀性。

· 检查天然珍珠，确保珍珠表面没有很多脱落的区域（不要把它与养殖珍珠的珍珠层剥皮混淆，否则它会暴露珍珠的内里，这意味着你很快就会失去珍珠。天然珍珠表面可能会有一些剥离，特别是表面上或表面下会有钙质的瑕疵。如果你能找到知道如何剥离的专家，通过专业的剥离可能会呈现更好的珍珠，但是否剥离要看表面下是否有更严重的瑕疵）。

· 检查天然珍珠钻孔的开口，确保那里没有被腐蚀。

·在购买天然的珍珠项链时，要注意珍珠颜色和尺寸的匹配。

养殖珍珠

·我认为，挑选养殖珍珠最重要的因素是：尺寸、形状、珍珠层厚度、颜色、光泽和成色。

·如果珍珠的颜色是白色以外的颜色，询问一下颜色的真实性。

如果销售人员说起大溪地珍珠或南洋珍珠时没有提到"养殖"，你要记得它们是养殖的，这一点应该被强调，避免产生混乱。

·对于养殖珍珠，建议你去一家专门售卖养殖珍珠的商店，并要求卖家给你解释需要知道的细节。先花时间读一本关于珍珠的好书，然后把书里的内容与卖家告诉你的内容相比较，如果信息没有太大的差别，你可能会觉得从这个卖家手里购买珍珠很靠谱。

乔治·凯里（George Kailis）
布鲁姆珍珠部（Broome Pearls）（澳大利亚）

乔治·凯里是 M. G. 集团公司的董事长，布鲁姆珍珠部是集团的一部分。他投入珍珠行业多年，这个行业成为现在的样子也有他的功劳。

✤ 凯里——最好的时光正是那段最开始的时光

最令我激动的珍珠是在布鲁姆的农场上养殖的第一颗圆珍珠。我能看到它隔着牡蛎透明的薄膜闪光，我知道它是大自然伟大的产物，为它的蜕变贡献力量令我无比自豪。如今，我仍能清晰地回忆当时的场景，仿佛还是昨天发生的一样。

凯里——关于购买南洋珍珠的忠告

你最好从那些信誉良好、专门从事珍珠生意的公司购买珍珠。

珍珠是非常投缘的东西。如果你看到一颗珍珠立马喜欢上了它，或者让你产生了某些特殊的感觉，那么你应该买下它。如果你对它没有特殊的感觉，那就不要买它。

你要买品质好的珍珠。虽然一颗品质差的南洋珍珠可以长久保存，因为有很厚的珍珠层，但是质量好的珍珠会更加漂亮。一颗美丽的珍珠将成为你的骄傲，也将成为子孙后代的骄傲。

你要在烛光下观察珍珠。这对珍珠是一个很好的考验。优质珍珠会在柔和的烛光中发光，而劣质珍珠则不会。

在选择时，要依据个人喜好和佩戴风格。南洋珍珠有很多颜色，包括白色、粉白色、银色、蓝色、金色和浅色调，比如香槟色、干邑白兰地色、桃色、法式奶油色、黄色，甚至粉红色。如果珍珠既美丽又有光泽，那么就选最吸引你的颜色。

南洋珍珠有许多美丽的形状。最稀有、昂贵的是对称的形状，如圆形、泪滴形、纽扣形。同样，如果珍珠既美丽又有光泽，那么就选最吸引你、最适合你风格的形状（对称形状的珍珠是比较正式的，巴洛克式、半巴洛克式、圆形的珍珠是比较随意的）。

约翰·拉滕德雷斯（John Latendresse）和吉娜·拉滕德雷斯（Gina Latendresse）
美国珍珠公司（American Pearl Company）（美国）

约翰·拉滕德雷斯是美国珍珠公司创始人和董事长，直到2001年去世，他在贝壳和珍珠行业有超过50年的经验。他是世界上用于养殖珍珠的贝壳的最大供应商。他还一直痴迷田纳西州

和美国其他水域的天然珍珠，是在天然珍珠和养殖珍珠方面首屈一指的专家。技术的创新带来了独特的美国淡水养殖珍珠的生产（见第二部分第4章），他被尊为"美国养殖珍珠之父"。吉娜·拉滕德雷斯是美国珍珠公司的总裁，也是约翰·拉滕德雷斯的女儿，有30年从事珍珠行业的经验，同时也是美国宝石学会（GIA）毕业的宝石专家。

🦪 约翰·拉滕德雷斯——关于"珍珠中的珍珠"的回忆录

至今我仍然与最令我激动的珍珠在一起，因为我无法忍受和它分开。它是一颗来自阿肯色州（Arkansas）黑河的天然珍珠。这颗华丽的珍珠比 10 美分硬币大，光泽度很高，是乳白色的，有着柔和的粉色伴彩，并且是完美的正圆形。在 17.4mm 的级别上，我还不知道是否有其他如此高质量的正圆形天然珍珠存在。

我在 20 世纪 50 年代买了这颗珍珠。我的委托买家打电话告诉我，那位找到这颗珍珠的潜水员要价 500 美元。基于电话中的描述，我授权他立即买下这颗珍珠。

当我真正看到这颗珍珠的时候，我知道其价值远远超过支付的价格。我觉得潜水员刚开始从事采珠业，年纪也不小，他应该得到的报酬远远超过我支付的报酬。我亲自去找他，准备额外给他 4500 美元。我花了几个月的时间才找到他，那时我才知道他不久前去世了，现在葬在阿肯色州的新港贫民公墓。我一直希望能早一点找到他，那样也许他会有一段时间觉得很富有。我经常想起他，但并未过于悲伤，毕竟没有多少人可以在生命结束的时候实现梦想。他的梦想也许是每一个潜水员的梦想——找到令人惊艳的宝藏，而他实现了！

约翰·拉滕德雷斯和吉娜·拉滕德雷斯的购买建议

判断珍珠质量的所有因素中，最重要也最难得的是成色。

拥有好成色的珍珠不仅是最美丽的，也保证了它的好品质和自然美。你可以打磨珍珠表面，让它有很好的光泽度，但靠在珍珠表面人为加工是不可能创造"好成色"的。好成色是一种内在品质的表现，是珍珠真正美丽的原因所在。

你买项链的时候，要确保所有的钻孔都居中。如果不是，项链佩戴起来不会那么漂亮（这种情况在较短的项链中真的有可能出现）。为了检查钻孔是否居中，把项链的一端举起来靠近眼睛，用另一只手将剩下的部分在你面前拉直，现在凝视项链，你很容易就会发现钻孔是否在中心。

你要从真正了解珍珠并有很多优质珍珠可供选择的珠宝商那里买珍珠。很多珠宝商现在只提供三种品质：差、中、好。很少有人提供真正优质的珍珠，因为非常昂贵，很多客户不明白低价通常意味着劣质产品。从只提供优质珍珠的高级珠宝商那里购买意味着你选择的珍珠会保持长久的美丽。如果你买中等质量或质量差的珍珠，它们永远不可能成为传家宝……当母亲亲手传给女儿时，珍珠不会留下多少光泽，而孙女根本不可能看到它们。

理查德·利迪高（Richard Liddicoat）
美国宝石学会（美国）

已故的理查德·利迪高是美国宝石学会主席。这个学会成立于 1931 年，是一家备受推崇的珠宝专业教育机构，它的宝石贸易实验室提供宝石、珍珠的测试报告和质量报告。

利迪高——关于实验鉴定方面的发展

1949 年 GIA 接管了知名的宝石贸易实验室（GTL）的珍珠检测仪器，并从那时开始对珍珠进行检测以确定起源——判定是养殖的还是天然的。在那之前，几家大公司曾试图在公司内部进行珍珠检测，主要采用内窥镜检测。这种仪器一次只可以检测一颗珍珠，非常耗时，现在已经过时了。

在珍珠鉴定的近 50 年时间里，GIA 的宝石贸易实验室已经检测了无数的珍珠，不仅可以确定珍珠是养殖的还是天然的，也可以确定珍珠的颜色是天然的还是经过处理的。在这段时间里，该实验室发现、记录并开发了一些新的检测方法。在 20 世纪 60 年代早期，仅包括一层薄膜的珍珠核在市场出现。因为该产品有核无珠，对珍珠鉴定形成了很大的挑战。在那个时代，珍珠的存在已经成了养殖珍珠的判断标志。

利迪高——关于自然颜色的鉴定

就在人们发现上述养殖珍珠的存在后不久，新的颜色的珍珠进入市场。这些颜色主要是染色的，在某些情况下也可能是照射的结果。出于对天然颜色或处理颜色的兴趣，在测试了非常多的产品后，罗伯特·克罗因谢尔德（Robert

Crowningshield）提出新的区分标准。1961 年 GIA 对黑色和彩色珍珠起源的研究促使了鉴定黑珍珠的光谱准则的出版。这成为很重要的准则，因为之后的数十年，法属波利尼西亚环礁的天然黑色的养殖珍珠都是无核的。这些珍珠颜色的起源变得相当重要，因为类似用银盐处理过颜色的珍珠价值比天然颜色的珍珠价值低很多。

　　除了传统的天然珍珠和养殖珍珠，实验室也会定期检查和报告不寻常的无珠层珍珠，如海螺壳珍珠、非常罕见的水瓢珍珠等。

德温 · 麦克诺（Devin Macnow）
养殖珍珠信息中心（Cultured Pearl Information Center）（美国）

德温·麦克诺原为养殖珍珠信息中心的执行主任。他与时尚和生活方式方面的编辑们交流，超过 1 万篇文章刊登在遍布全世界的多媒体刊物。麦克诺作为日本和美国养殖珍珠产业的发言人，广泛参与了养殖珍珠培育的各个阶段，以及营销和促销方面的事务。

🌑 麦克诺——谈一颗精美的日本 AKOYA 养殖珍珠的价值

很少有比一颗优质的 AKOYA 养殖珍珠的诞生更神奇的事了。人与牡蛎是共生关系，二者共同努力培育一颗拥有罕见美丽和价值的真正的宝石，这是充满爱和辛勤劳动的工作。即使这样，仍需要超过 64 万小时人或牡蛎的艰苦工作，才可以养殖足够的珍珠，使光泽、大小和颜色等方面达到匹配，最后穿成一条仅仅 16 英寸的项链。

麦克诺——谈一条珍珠项链的通用性

女人拥有的珠宝首饰中很少有像养殖珍珠的珍珠项链那样用途广泛。珍珠可以搭配女人衣柜里所有的东西而不会让人觉得突兀。虽然衣服的流行趋势可能会改变，但珍珠永远不会过时。一条简单的珍珠项链同样适用于商务套装、小礼服、牛仔裤或 T 恤衫。

麦克诺——购买日本养殖珍珠时需要注意的事项

到目前为止，"光泽"是购买珍珠时应该关注的，也是最重要的方面。具有很好光泽度的养殖珍珠通常标志着珍珠品质超群，将保留美丽和价值并延续给主人的后代。此外，明亮的光泽经常可以掩盖其他小的表面缺陷，如凸起或凹坑。

尼克拉斯 · 帕斯帕雷（Nicholas Paspaley）
帕斯帕雷采珠公司（Paspaley Pearling Company）
（澳大利亚）

尼克拉斯 · 帕斯帕雷是帕斯帕雷采珠公司董事长。该公司由他父亲在 1935 年创立，现在是世界上最大的南洋珍珠公司。帕斯帕雷一生投身于采珠行业，从业超过 45 年。

帕斯帕雷——故事、传说以及梦想

1919 年，我父亲和家人从希腊来到澳大利亚的珍珠海岸——印度洋海岸。那个时候，那里只有极少数的人是欧洲人，绝大多数是土著和亚洲人，每个人都生活在没有水、电、商店、政府服务或其他设施的环境下。这是残酷的，但采珠的人很坚毅，先驱们都是勇敢、大胆的。现在的情况仍然如此。

找到藏匿在牡蛎壳中稀有、珍贵的天然珍珠是很多人的动力，因为它们被认为是世界上最稀有、最珍贵的珍珠。采珠产业本身包括潜水找到牡蛎壳本身，因为珍珠母壳的衬里需要用于满足世界对纽扣的需求；澳大利亚的贝壳质量是最好的，世界上 75% 的纽扣用的都是澳大利亚贝壳。天然珍珠有时会在贝壳打开时被发现，但大多数质量都很差，也并不珍贵。珍贵的珍珠是很罕见的额外福利。

1935 年的一个晚上，父亲和那些亚洲及土著船员在小帆船上（一种特殊类型的渔船）的时候，做了一个令人不安的梦——他梦见自己找到了一颗奇妙的珍珠，但被船员谋杀了。这在当时是常见的事，因为那是一个没有法律的海岸，甚至许多人期待着潜水员死亡。潜水员的死使他们有机会成为下一位潜水员，那是一个非常令人垂涎的位置。因此，父亲在任何情况下都不能睡觉。他走到甲板上抽了根烟，又对天气的状态产生不安，虽然不能肯定让他困扰的是天气，但他一直有种感觉，觉得可以察觉到某些不同的东西。

船员们像往常一样在日出前一小时醒来，准备好东西，让潜水员可以在太阳升到海平面的时候潜到海底去。父亲注意到，他们也对天气感到不安。第一漂后（船会沿着珠片漂流，潮水拖着潜水员横跨海底大约 2 英里），潜水员带着第一批珍珠贝浮出水面——很差的一次捕获——抱怨刚刚海底有一阵奇怪的水流，把他们从一边冲到另一边，搅拌着泥浆，让能见度变得非常低。父亲知道这是一个很好的壳床（经过几个月的搜索可以找到好珍珠的壳床）并且天空很晴朗；只有坏船长会在晴朗的天气离开一个很好的壳床（这种情况下想离开从而在海上"消失"的船长并不少见）。尽管如此，他梦中的不好感觉仍在萦绕，他无法忽视对天气的不安感。在能见度较差的基础上，他命令船员准备好将船移动到另一个地区。这时，他还想着自己的梦，他告知船员，当帆船准备好起航时他会打开贝壳。

他开始用长刃刀撬开那些巨大的贝壳。他打开了第一只贝壳，它就在那里——梦里的珍珠！

血冲到头顶，他感到浑身起了疙瘩。他立刻想起了梦中的"谋杀"，他把珍珠放进手套里，希望没人看到它。他担心自己会受到伤害，所以以对天气感到不安为借口，立即改变了对船员的命令，让他们改变航向。他让他们驶向最近的安全登陆点，那是一条 24 小时航程外的河流（他们已经远离家乡的港口 2~3 天了）。那河流上游几英里远的地方有一个小的土著居民聚居地。他们到达河口时，正是夕阳落下的时刻，潮水很低。因为不想继续和珍珠留在帆船上，他命令船员在涨潮的时候将船开到聚居地，而他独自划着小舢板先离开，划了几英里后终于到了聚居地。

一到聚居地，父亲立即坐卡车前往家附近的布鲁姆港口（Broome）。过去几天旅途的天气相比往年很不寻常，他们到达港口后才知道，一股猛烈的龙卷风毫无预兆地袭击了采珠海岸。那天出发的 450 艘船根本没有时间到达避风港，大部分船只被摧毁或损坏，数百名船员被淹没在风暴中。

假如当时父亲没有离开，父亲的船肯定会在海上消失，所有的船员也会一同消失在海上。

这一经历改变了父亲的一生，他永远不再忽视直觉。至于珍珠，这是他职业生涯中发现的最好的一颗，它作为"大师之珠"帮助他成为世界最著名的采珠"伟人"。

我也经历了危及生命的龙卷风、鲨鱼、鳄鱼，更不要说野人了，也曾经发生过悲剧。但令我最难忘的事是我父亲发展南洋养殖珍珠事业梦想实现，这也是澳大利亚令人兴奋的新兴的采珠业，为我的父辈打开了开创事业的新局面。我见证了这项事业的开始和发展，并将它传承和壮大。

● 关于澳大利亚南洋养殖珍珠

我们认为，我先前提到的在澳大利亚发现的野生珍珠牡蛎，不仅可以产出最美丽的天然珍珠，也可以养殖出美丽的珍珠。同时，我们也认为，如果我们成功了，这些养殖珍珠看上去会更像天然珍珠，因为都有很厚的珍珠层。

20世纪50年代，塑料纽扣的发明对我们的采珠船队造成了致命的打击，对珍珠母的需求几乎消失。但这一转变也为澳大利亚工业带来了催化作用，人们加快步伐，希望可以早日成功生产养殖珍珠，这是我们经济生存的唯一希望。研究和发展开始了，但优质的南洋养殖珍珠仅仅在最近的15年里才在商业上成为现实。

父亲创立的珍珠农场，也是澳大利亚第一批珍珠农场。人们普遍认为，最终的成功在于产出一颗完美的、直径15mm的圆珍珠。在这种新的农业产业出现的前10年，这已经实现了，但是只有一次或两次。我积累了经验后开始追逐自己的梦想，做以前不可能的事——制造珍珠项链，而且组成项链的每颗珍珠都超过15mm。

这些牡蛎产出养殖珍珠的数量（通常但不一定正确的说法是，这里指的是所谓的"南洋珍珠"，这个词现在用来指由这种牡蛎在世界任何地方生产的大珍珠）是一个特殊的挑战，现在仍然是那样。这些野生牡蛎在自然栖息地被使用。结果是，必须研究完全不同于日本流传过来的开发方法，这需要更多的时间，也有更高的风险。我们失败了很多次，但是经过多年的新技术研究和开发，加上与滨口家的协作，我们最后成功生产出一颗直径 20mm 的完美的珍珠——一颗我所能想到的最美丽的珍珠！

现今，南洋珍珠的产量相比全球珍珠的产量仍然非常有限，但大小、质量和美丽程度甚至已经超过了我们祖先最疯狂的想象。

肯尼思·斯卡拉特（Kenneth Scarratt）
亚洲宝石学院（AIGS）实验中心前总监（泰国）

肯尼思·斯卡拉特曾经是亚洲宝石学院教育和研究实验中心总监，从事珍珠研究超过 30 年，并对来自世界各地的天然珍珠和养殖珍珠进行评估。他的许多工作是在英国宝石协会和宝石检测实验室的 18 年里开展的，他也是实验中心首席执行官和董事长。在亚洲宝石学院时，他一直致力

于建立珍珠评估的流程和标准。亚洲宝石学院是唯一一家致力于珍珠层厚度研究的国际实验室，在珍珠等级报告中主要以实际毫米度量珍珠层的厚度。

斯卡拉特——关于选择优质珍珠的重要核心点

简而言之，我们把养殖珍珠的珍珠层厚度看作选择珍珠的最重要因素，这指的是珍珠母壳层珠光涂料的实际厚度。如果一颗养殖珍珠的珍珠层太薄，珍珠层很可能会在 6 个月后消失，最终留下的将是贝壳珠。我们相信，珍珠层的实际厚度是必要的信息。事实上，这对于需要做出买进或卖出珍珠的理性判断的人来说是至关重要的。这就是为什么我们会检查珍珠层厚度，并将其纳入我们的珍珠报告中，它是如此重要。许多珍珠行业的人不愿意提供这种信息。此外，对于大多数实验室来说，获取珍珠（即使是钻孔珍珠）的信息，需要先进的放射摄影设备，其高成本是一种限制。尽管如此，在我们的带领下，还是呼吁其他主要实验室在不久的将来也将厚度纳入珍珠报告中。

莫里斯 · 希雷（Maurice Shire）
莫里斯 · 希雷公司（美国）

莫里斯 · 希雷是莫里斯 · 希雷公司总裁。自 12 岁起，他在巴黎作为珠宝学徒开始了 50 年珍珠领域的职业生涯。他早期的

经验主要来自对天然珍珠的研究。他对这些珍贵宝藏独具慧眼，尤其是珍珠剥皮的技能，很少有人能与他匹敌。

🌑 希雷——关于识别天然珍珠的见解

多年来，我曾和许多伟大的人共事过，但在天然珍珠领域中的两位巨人真正影响着我对这些宝物的真爱、欣赏，并形成了独特的眼光。

大约 50 年前，当我在一家非常小的珠宝店以助理采购员的身份工作的时候，该公司通过一家银行购买了一批重要的珠宝首饰。这批珠宝的成本接近 25 万美元，这在当时是非常大的数额。我们不得不仔细检查这批珠宝，并将每一小件单独列入存货清单，标明价格。评估这批珠宝中精美的钻石、翡翠、红宝石和蓝宝石时，我们对估价没有任何问题；但评估其中一条养殖珍珠项链时，我们不知道如何估价（当时，珠宝商出售的大部分珍珠都是天然珍珠）。我们必须给它定价，并对我们的客户公平，所以我们联系了几位养殖珍珠经销商。他们达成的共识是，它的公正零售价约为 950 美元。这就是我们的标价。

这条项链由 55 颗奶油玫瑰色的珍珠组成，每一颗都是完美的球形，光泽度很高，表面无任何瑕疵。这串项链从中心直径 9.5mm 逐渐降到两端的 7mm。它一直安全地保存着，直到有一天，大概是 18 个月后，一位美丽的女士走进商店想要买一条养殖珍珠项链。我们向她展示了唯一拥有的一条，也就是我们安全保存着的那条，她非常喜欢。但是，她想让我们增加一颗更大的、直径 10.5mm 的珍珠作为中心珍珠，另增加一颗直径 9.5mm 并像原来的中心珍珠那样的珍珠，这样就有两颗 9.5mm 的珍珠在新的中心珍珠两侧。我给了她一个预估价，大约需另加 400 美元（当时，渐变尺寸的项链中，中心珍珠的价值代表了约 1/3 项链的总价值）。她告诉我，在项链完成并符合她的期望前，不会支付任何金额，甚至都没预付保证金，但如果喜欢它，她到时候会立刻付清全部货款。我们同意了。我马上开始工作，想尽快完成这条项链。

我立刻带着项链去拜访一位名叫列尔纳尔·罗森塔尔（Leonard Rosenthal）的老绅士，他当时被称为"Roi de la Perle"——"珍珠之王"（他是世界上最大的天然珍珠经销商）。听我解释完此行的目的后，罗森塔尔先生拿起项链，用左手勾起一端，让项链的其余部分躺在右手手掌中。他向后靠在椅子上，看着那条项链，在相当短的时间内他叫道："莫里斯，你知道这串珍珠中有天然珍珠，是不是？"

我当然不知道，在我之间接触过这条项链的人也都不知道。然后，他拿出一张珍珠图，并给每颗天然珍珠做标记。他告诉我，55 颗珍珠中有 23 颗是天然的。我去了美国宝石学会的实验室，项链经过 X 射线检测后证实了他的说法。GIA 会给 X 射线检测显示为天然珍珠的珍珠贴一小块黑色胶带（他们现在还这么做）；23 颗珍珠是天然的，与罗森塔尔先生用那 75 岁的眼睛识别出的一样。

你们可以想象，当我回到罗森塔尔先生的办公室时，我对这次冒险多么激动，对他的智慧和知识是多么印象深刻。我们去掉了天然珍珠，用养殖珍珠代替它们，制作完成了那位可爱的女士所要求的珍珠项链。但在她来之前的 3 天里，我仔细研究了养殖珍珠和拿掉的天然珍珠。我决心弄清楚罗森塔尔先生一眼就看到的差异，但无济于事。最后，我把两串项链都放在口袋里，回去找罗森塔尔先生，然后有了下面的对话：

"罗森塔尔先生，过去 3 天里我一直想看清这两串项链之间的差异，但是我没做到，我年轻、雄心勃勃，渴望尽可能多地了解宝石。我也意识到这其中有很多专业秘密，这些秘密是只会传给自己的孩子或孙子的。但是，你可以和我分享你的秘密，并告诉我你是如何只用眼睛迅速发现那 23 颗天然珍珠的吗？"

罗森塔尔先生回答说："我亲爱的莫里斯，当你接触珍珠 45 年之后，你也能够立即看出其中的差别。"

我对他的回答当然不满意，觉得他不愿分享秘密，我对他的回答感到很失望。同时，罗森塔尔先生买下了那些天然珍珠，它们的零售价是 6000 美元左右，超过我们为 55 颗珍珠的珍珠项链支付总额的 6 倍。

因为寻求独立的天性和急于尝试自己创业的想法，我离开了零售业，成为批发经纪人。大约 1 年后，雷恩·布洛赫（René Bloch）先生——另一位著名的天然珍珠老经销商，愿意教我天然珍珠的相关业务。这样一段时间后，我也许有能力购买他的库存，让他可以退休。他通过比较自己库存的珍珠来教导我给天然珍珠估价的"艺术"，在他教学 1 个小时后，我不能再控制自己了，我想起罗森塔尔先生曾告诉我的话。我对雷恩·布洛赫先生说："如果你要教我技术，让我有一天可以买下你的库存，那么你从分享如何分辨天然珍珠与养殖珍珠开始吧。"雷恩·布洛赫先生笑着说："罗森塔尔先生告诉你的就是真相，有一天你会在不知不觉中就能看出差别。"大约 2 年后，一位珠宝商带着 5 条珍珠项链走进我们的办公室，他的一个富有而有名的客户想卖这些项链，希望我们能给他出价。我迅速地一条接一条瞥了一眼，想要对他持有的东西有一个快速的、大概的了解。当我看到第三条项链的时候，我竟然说出了这样的话："这是一条养殖珍珠项链。"在那一刻，我想起罗森塔尔先生的话，我几乎要喊出来：我做到了……我已经做到了！

理查德·D. 托里（Richard D.Torrey）
《珍珠世界》（国际珍珠杂志）出版商（该杂志由亚利桑那州凤凰城的珍珠世界出版公司出版）。

　　理查德·"伯"·托里（Richard "Bo" Torrey）已经观察并撰写关于珍珠行业的

信息 20 年以上，他提供了一些关于珍珠的生产、处理和价格趋势的客观、可靠、独到的看法。

我已经观察珍珠市场几十年了，见证了它的成长和变化，虽然并不总是好的（尤其是现在关于处理的过度使用），但其中也有一些亮点。

今天，珍珠来自全球各地，有趣的是，南洋养殖珍珠现在占主导地位（而不是日本珍珠），大约占 37% 的世界生产总量。这要感谢印度尼西亚，那里产出的南洋珍珠已经在数量上超过了澳大利亚的珍珠（而不是在质量上）。幸运的是，这使得日本开始恢复生产品质优良、光泽度强烈的珍珠。日本曾经也是因这种珍珠而出名的，这是一件好事。同时，随着生产和出口劣质珍珠导致的价格暴跌（更别提外观，以及随之而来的表面处理技术使用的增长），天然黑色珍珠已经在过去的 10 年中一点点暗淡，但谢天谢地，这些也在慢慢改变，质量和价格都有所提高。

一个亮点可以在菲律宾黄色、金色珍珠的产量和质量上看到，也可以在斐济的多色珍珠串中看到。就我个人而言，我真的很喜欢菲律宾珍珠和斐济珍珠。

另一个亮点，也是最聪明的一个点，便是中国淡水珍珠产业的成长。为什么？现在中国的淡水珍珠真的非常好，往往在大小和外观上与其他类型的珍珠相当，且花费更少。它们也经常是百分之百的珍珠质，虽然这种情况正在改变，现在越来越多的珍珠是有核的，尤其是要与南洋珍珠竞争的大型中国淡水珍珠。尽管如此，我还是经常向大多数朋友推荐优质的、光泽度好的中国淡水珍珠，尤其是那些预算有限的朋友，正是出于以上这些原因。从成本来看，这些珍珠真的比来自日本或南洋的低质量、薄珍珠层的养殖海水珍珠好太多了；你会花更少的钱，得到更好的珍珠（质量或珍珠层厚度有优势）。总之，中国淡水珍珠看起来更好，且可以保存得更久。

但当谈到美丽的时候，看起来像优质珍珠的珍珠中应该没有比吉树珠更美丽的。我已经收集了大约 20 年所有类型的珍珠，最喜欢的是吉树珠。有些情况通常被称为"错误"，主要发生在全珠层的珍珠周围形成一块覆盖组织，这层覆盖物可能会在注入过程中脱落，或者软体动物可能将核从贝壳中挤出来。看上去就像全珍珠层——就像天然珍珠那样——通常是按重量来卖（以克为单位），而不是以毫米为单位。虽然曾经很便宜，但不幸的是，现在相当昂贵，并且随着需求增加，供应并没有相应增加，它们势必会更加昂贵。因为对称形状的珍珠非常难以找到（你找到的时候会发现真的很贵），古灵精怪的巴洛克珍珠具有独特的吸引力，尤其是不同寻常的色彩和表面，非常与众不同！

罗伯特·万（Robert Wan）大溪地珍珠公司（Tahiti Pearls）（大溪地，法属波利西尼亚）

　　罗伯特·万是大溪地珍珠公司董事长，也是大溪地黑珍珠产业的一个传奇先锋。在过去的20年里，他彻底改变了这个行业，并将天然的黑色大溪地养殖珍珠带到鉴赏家的世界。

🔘 一个鲜为人知的故事

　　在珍珠母纽扣产业达到巅峰的时候（19世纪20年代和30年代），波利尼西亚潜水员的惊人壮举成为传奇。一些潜水员身上带着铅增重，潜水到超过40米深的海里，全程只有他们肺里的氧气，一副眼镜、一副手套和一张网组成了仅有的装备。仅仅带着这些装备，他们冒着与鲨鱼、海鳗相遇的危险以及遇到致命"弯道"的危险，就是希望可以收获那些已成为环礁主要出口的贝壳（在这些外来货中，对黑色的珍珠母需求量巨大，主要用于装饰镶嵌和黑纽扣）。但他们始终怀着一个梦想——一个容易被人忘记的梦想，这个梦想激励他们回到海面上，这个梦想就是有一天他们带上来的贝壳含有一颗罕见的、巨大的、有价值的黑珍珠。

💧 波利尼西亚是个深邃而神秘的地方，也是创造了真正浪漫的地方——罗伯特·万为什么喜欢珍珠

女人和珍珠我都喜欢——似乎也是不可分割的。二者有很多共同特征：神秘、诱惑、平滑、性感，增强了彼此的自然美。

就像女人一样，珍珠也需要照顾。不要想当然，这是很珍贵的经验。就像珍珠需要特殊照顾和保养来保持光泽度，女人只有在受到特殊照顾和关注的时候才会散发光芒。

选择珍珠跟选择女人一样，永远不要对品质妥协。这是拥有一个持久未来的关键！

鸟尾山本（Torio Yamamoto）
山胜珍珠公司（Yamakatsu Pearl）（日本）

山胜珍珠公司成立于1931年。在成立的65年里，该公司在养殖、处理和分享优质珍珠方面得到了全世界的认可。鸟尾山本是山胜珍珠公司常务董事，他在过去的40年里投身于这个行业。在这里，他分享了在选择珍珠时的重要想法。

🟤 山本——选择珍珠的智慧

你需要问自己的第一个问题是：你觉得珍珠是否美丽？一颗美丽的珍珠是每个人都会称赞的。在观察了珍珠一段时间后，你会知道什么样的珍珠是一颗美丽的珍珠。美丽的珍珠是可以达成普遍共识的。如果它很美丽，那么它是一颗优质的珍珠；如果它不美，那么它不是一颗优质珍珠。

在购买珍珠时，选择一家有良好信誉的珠宝商尤其重要，特别是专门从事珍珠生意的信誉良好的珠宝商。通过这种方法，你可以有更多选择，而且可以得到很好的解释。如果你只是去一家商店，买下碰巧看到的任何一颗珍珠，之后你可能会对它很不满意。你应该多去几家好的珠宝商那里，比较你所看到的和听珠宝商说的关于珍珠的内容。这将有助于你看到珍珠之间的差异并理解它，它也会给你带来更大的信心，让你更欣赏最终选择的珍珠。

就个人而言，我推荐颜色好、光泽好的珍珠，即使是不太完美的形状，或者表面上有一些小斑点，也没关系。

有些珍珠，你可以很容易用指甲感受到瑕疵，或者可以用指甲直接抠到表面的异物，避免买这些有明显瑕疵的珍珠。

本杰明·朱克（Benjamin Zucker）
宝石公司（Precious Stones Company）（美国）

　　本杰明·朱克是宝石公司（专门销售优质的有色宝石和珍珠）的总裁、宝石供应商、讲师、作者和严谨的收藏家（就像他父亲一样）。位于马里兰州（Maryland）巴尔的摩（Baltimore）的沃尔特斯博物馆（Walters Art Museum）收藏了朱克的部分古董珠宝和宝石。朱克对珍珠一直特别感兴趣，他写的《宝石和珠宝：鉴赏家指南》一书中有章节专门讲珍珠。

朱克——选择珍珠的小技巧

　　光泽是挑选珍珠最重要的唯一因素。要判断它，不要直视或在特别近的距离内观察。要在一定距离外观察，就是你在镜子中看到自己的距离。现在问自己：珍珠是否有光泽？听从你的第一直觉。

　　形状是非常重要的。圆珍珠，形状应尽可能圆。但是光泽好又圆的珍珠往往会很贵。如果你买不起很圆、光泽度很好的珍珠，考虑稍微不圆的珍珠而不要降低对光泽度的要求。

　　清洁度占我们衡量指标的 30%，光泽度占 70%。

珍珠的历史和艺术

我喜欢古董珠宝，特别是那些含有珍珠的珠宝。我也喜欢珍珠和大海之间的联系，以及含有这种联系的珠宝。

多多关注伟大的艺术家，你会发现伟大的大师和珍珠之间的特别吸引力。也许珍珠可以直达艺术家的灵魂，到达感性和创造性的一面。也许是因为珍珠永恒的魅力，以及艺术家的潜意识里渴望灵魂及时被捕获。

第 11 章　大珠宝商关于好珍珠的看法

　　珍珠一直是大珠宝商最喜欢的东西，它们在历史上激发了很多伟大的创造。从文艺复兴时代到现在，珍珠刺激了人们的想象力和珠宝商想要寻求完美珍珠的挑战欲。

　　现代养殖珍珠带来了新的机遇，珠宝商可以依靠大量的珍珠再现好的设计，这在以前是从未有过的，因为天然珍珠的供应非常有限。

　　我们请到几位世界知名的珠宝商，让他们分享关于珍珠的一些个人想法，并展示他们认为特殊的珠宝。在下文和彩色插图部分，你会看到一些精美的珍珠首饰，也会更加理解我那句话的意思——真的有那样的珍珠，可以适合每一个人的风格和每一个特殊的场合！

宝诗龙（Boucheron）

宝诗龙是法国一家著名的珠宝收藏公司，成立于1858年。正是该公司首次提出用钻石装饰珍珠项链的创意，这种设计创造了一种独特而经典的外观，甚至到今天都非常流行。

🔘 阿兰·宝诗龙（Alain Boucheron，宝诗龙公司主席）谈珍珠

我拥有的最贵的珠宝是一颗巴洛克白色珍珠，重8000谷（2000克拉）！

欣赏一颗钻石，光线必须穿透它的表面，才能释放出由里到外的耀眼光芒。但要欣赏珍珠，眼睛只需要注视它的表面，便可以看到它柔和的颜色和平静的美丽。

我们在宝诗龙创造的最绝妙的珠宝之一是一条珍珠项链，它是我们1889年在弗雷德克里·宝诗龙（Frederic Boucheron）的指导下创造的。这是历史上第一条把珍珠和钻石"圆片"结合在一起的项链，这项创新的设计立刻获得了成功，甚至在100年后的今天，它的影子还不时地被看到。

1889 年弗雷德克里·宝诗龙创造的天然珍珠项链，是历史上第一条将珍珠与钻石"圆片"结合的项链。它有着低调的外观，但它很重要，也是至今仍在流行的设计。

　　这条项链含有 29 颗大的天然珍珠（953 谷）和 28 颗穿孔的钻石"圆片"（钻石切割成中间空心的圆形，类似于车轮或炸圈饼），扣环包含一颗重 65 谷的黑珍珠，由钻石包围着。

　　这条项链是由传奇设计师保罗·勒格朗（Paul LeGrand）设计的（他在 1863—1867 年、1871—1892 年为宝诗龙设计珠宝）。正是勒格朗想到了将珍珠与新的钻石垫片相结合的理念，对 19 世纪伟大的钻石切割师博尔丁克（Bordinckx）的实践进行了创新（西欧第一个了解如何穿透钻石并把它们以这种独特的方式切割的大师。从 1880 年直到 1892 年去世，他和宝诗龙紧密相连）。勒格朗认为珍珠柔和的、含蓄的美通过和这些钻石分离片闪耀的美对比可以被完美放大，创造出一种独特而重要的设计。历史证明他是正确的。

　　这条项链在 1995 年 11 月以 55 万法郎（当时约 10 万美元）被收购。

宝格丽（BVLGARI）

宝格丽在 19 世纪后期成立于罗马，是现在公认的世界一流珠宝商之一，在全球 20 个国家都有沙龙。其设计非常新颖、大胆，具有鲜明的特点，通常以颜色、纹理的创造性使用和不寻常的组合而出名。

☻ 尼古拉·宝格丽（Nicola Bvlgari）谈珍珠

我因珍珠的柔和感及简单而喜欢。没有其他宝石像珍珠一样简单、优雅和感性。是的，我说的正是感性——珍珠有一种柔软和神秘的感觉，就像一个女人会带给你惊喜。你无意之中就会发现它们的诱惑和魅力，可以是端庄典雅的、异想天开的，或者是好玩的；可以静静地抓住你的注意力或渴望被注意的需求。

我认为，随着人们对有机物的着迷，珍珠变得更加流行了。珍珠一直是我们最喜欢的宝石之一。我们提供了非常广泛的选择，从最简单到最崇高，你会发现浪漫的简单性、不寻常的多功能性或高贵典雅性，这些都取决于不同的场合。

也许意大利遗产和宏伟的意大利文艺复兴时期的珠宝对我们的设计产生了影响。正如我们的祖先那样，我们喜欢色彩，最出名的也许就是对使用彩色宝石的创新。我们喜欢把彩色宝石和珍珠以独特的方式结合，经常用彩色宝石点缀以白色和奶油色为中心色调的珍珠，以此创造有趣的对比；通过与珍珠的中性色调对比，色彩被加强了，同时通过与色彩的对比，珍珠的光泽度与柔和感也被加强了。

我们也喜欢在弧面切割（一种具有光滑的圆形表面的切割方式）中用彩色宝石而不是多面宝石来与珍珠搭配，因为我们觉得其丰富的、天鹅绒般的特性是珍珠与生俱来的。它们一起创造了其他宝石无法创造的丰富感。

我们常常也会在设计中加入黄金，或把黄金元素与彩色宝石圆片（用于分离珠子、珍珠等的圆形、甜甜圈形状的元素）连在一起，创造特别引人注目的外观，可以立即被人识别为"宝格丽"形。你可以在我们最简单的设计和最精细的设计中看到这些。

当单独使用珍珠时，我们特别喜欢金色的珍珠，我觉得它们特别感性，另外，大溪地黑珍珠可以令人惊叹、给人留下深刻的印象。美国人也开始喜欢上了华丽的颜色，尤其是黄色和金色的色调，我觉得对它们的需求会变得非常大。

不管你正在考虑的是什么类型的珍珠，一定要买质量很好的珍珠。我们在珠宝中使用的大部分珍珠是养殖珍珠，因为我们不能期望天然珍珠有充足的供应；我们在独一无二的创作中会保留天然珍珠。但无论是养殖珍珠还是天然珍珠，好的质量非常重要，质量不好的珍珠不会那么可爱，也不会持久到传给后代。

我们会一直对珍珠进行美妙的创新设计，原因很简单，就是不管现在还是将来，人们一直都喜欢珍珠。

卡地亚（Cartier）

19世纪中期，卡地亚品牌成立于巴黎，1908年在纽约开设了沙龙。今天，卡地亚已经闻名世界，它是伟大设计、创新、经典风格和优良品质的代名词。

⬤ 拉尔夫·德斯蒂诺（Ralph Destino，美国宝石学会董事会主席，卡地亚公司前CEO）谈珍珠

从历史上看，珍珠在卡地亚占主导地位。我们最戏剧化也许是最著名的经历，关于一条瑰丽的天然珍珠项链。我告诉你关于它的故事：

1915年，卡地亚制作了第一串售价超过100万美元（确切地说是120万美元）的珍珠项链，创造了历史！你能想象1915年这么多钱是什么概念。这条项链随即在巴黎展览，接着是伦敦，最后在1916年秋天到了纽约。纽约的几乎所有著名的淑女——阿斯特家族（Astors）、范德比尔特家族（Vanderbilts）等，都赶去欣赏它，但是没有人愿意以卡地亚标注的价格买下它。

当珍珠正在欧洲"大旅游"时，另一件看似无关的事件发生了。格蕾丝·范德比尔特（Grace Vanderbilt）是纽约社会的

梅茜·普兰特戴着她瑰丽的天然珍珠双链。为了得到这串项链，她用第五大道的豪宅与卡地亚交易。

贵妇，她卖掉了在第 52 大道和第五大道西南角的豪宅，搬到第五大道和第 85 街的非商业区。在她街对面的第五大道和第 52 大道东南角的邻居梅茜·普兰特（Maisie Plant）想追随潮流。毕竟，如果这个社区对格蕾丝来说是低人一等的，那么对梅茜来说就不够好！所以她决定出售自己的豪宅，也搬进非商业区。她把豪宅放到市场上，巧合的是，报价也是 120 万美元。

现在让我们回到珍珠项链。当它首次在卡地亚的纽约沙龙（第 54 街和第五大道一幢小建筑的第二层）亮相时，纽约所有到此参观的上流社会的人都表示惊叹。没有人比梅茜·普兰特更感到惊叹。她想得到它。但是，她的丈夫——平常很慷慨的男人，却拒绝考虑这种价格的珍珠。梅茜想，豪宅是我的，反正我要搬到非商业区（她丈夫做好了把钱放到黄金房地产上的充分准备）。她去了卡地亚，提出用豪宅交换珍珠项链。路易斯·卡地亚（Louis Cartier）接受了！从那以后，卡地亚公司一直位于原来的普兰特豪宅，现在它已经成了纽约一个巨大的标志性建筑。对梅茜来说，不幸的是，她没有预料到大萧条、战争和养殖珍珠大量的引进，她的项链在 1957 年由帕克·伯内特（Parke-Bernet，现在称为苏富比）拍卖会拍卖，仅仅卖了 17 万美元，而第五大道豪宅的价值，你们可以去想象了。

我喜欢珍珠，虽然拥有了一些珍珠，还会想要更多的珍珠！可以说，任何女人首饰柜的基础珠宝必然是珍珠。我曾经为一个 6 岁的女孩做了一串小小的珍珠项链——她的第一件珠宝（更不用说卡地亚珠宝了）。珍珠是珠宝收藏的开始，可以从童年开始，然后发展为收藏惊人的珍品。

有些珍珠因稀有而成为真正的宝藏，也有些珍珠是因感情而被珍惜。两者都具有巨大的意义，但每一个都有不同的意义。从这个意义上说，珍珠可能是自然界最通用的宝石。

珍珠是要被触摸、感受并放在皮肤上的，在做出任何购买决定之前，戴上它们，感受一下佩戴它们的感觉。

我们只给客户提供最优质的珍珠。对白色的珍珠来说，这意味着光泽度好，是完美的圆形，并且与干净的肤色相匹配。

我们建议客户先考虑这些因素，当你必须要舒适的尺寸时，我们认为尺寸应该是最后考虑的因素，除非非常罕见。当一个人买不起长的、想要的尺寸的优质珍珠项链时，我们建议买一条短一点的项链，随着时间可以添加长度，但不要降低对品质的要求。

里梅勒珠宝公司（Hemmerle Juweliere）

1893 年，里梅勒珠宝公司在德国慕尼黑成立，里梅勒珠宝享有设计独特、品质卓越的口碑。另外，它用色敏锐，可以在珠宝创作中打造特定情绪或感觉。

斯特凡·里梅勒（Stefan Hemmerle，里梅勒公司主席）谈珍珠

选择珍珠时，原产国很重要，因为不同的国家生产的珍珠会稍微有点不同。我们使用日本的 AKOYA 养殖珍珠、澳大利亚或缅甸的南洋珍珠、大溪地的黑珍珠或来自印度尼西亚的花式黄珍珠。

我们喜欢设计天然珍珠，也喜欢设计养殖珍珠。天然珍珠中，乳白色是可以接受的，奇形怪状也是可以被接受的，它们非常独特。

对于日本养殖珍珠，我们看重的第一要素是非常强烈的光泽度。如果光泽足够强烈，我们可以接受外观的轻微缺陷和表面的不完美。我们更喜欢直径 7~10mm 的珍珠，渐变或非渐变风格的都是如此。

我们发现澳大利亚南洋养殖珍珠越来越受欢迎。很多人更喜欢白色的珍珠，但我们更喜欢颜色稍微带点奶油色，这样更像天然珍珠的颜色。我们寻求丰富的光泽度和完美匹配的形状。含有 10~12mm 珍珠的渐变珍珠项链尤其值得拥有，但很难找到。由直径 14~16mm 的珍珠组成的项链具有非同寻常的美感。

在彩色珍珠中，我们特别喜欢黑珍珠和深黄色珍珠。对于大溪地黑珍珠，虽然最稀有的颜色是午夜黑，但是我们更喜欢那些介于中等黑和深灰阴影色之间的珍珠，我们发现它们在皮肤的衬托下最迷人。对于天然的黄色珍珠，我们发现最漂亮的颜色是强烈的黄色和深金色，这些珍珠让人产生强烈的好奇心，也给世界市场带来了巨大利益。

说到好奇心，我们曾经创造的最瑰丽的珠宝包含着一颗巨大的珍珠。这颗珍珠确实让无数人好奇：至今发现的最大的海螺珍珠。这是我们所拥有的最有趣的珍珠，一颗从巨大的马螺中挖出的深棕色足球形状的天然海螺珍珠，重量超过 111 克拉，直径达 27.47mm。它被一支西班牙远征队发现，并由这支远征队的领队赠送给了公司。我们用这颗珍珠作为中心制作了一枚华丽的蜘蛛胸针。由于这颗珍珠的价值无法轻易估计出来，它是独一无二的，我们把珍珠的价格暂定为 10 万美元。

克里科里安（Krikorian）

克里科尔·克里科里安（krikor Krikorian），美国设计师，是美国第一位国际珍珠设计大赛中赢得特等奖的人。在这里，他会解释自己创作的作品。

克里科尔在国际珍珠设计大赛中获特等奖的作品。

🌑 克里科尔·克里科里安，关于他获奖的项链的故事

我想创造一条自由环绕着女人脖子的项链，营造出一种轻松、自然的感觉，同时给人一种攀缘的外观。攀缘的藤蔓是由淡水珍珠、18克拉的黄金加上镶嵌的珍珠一起构成的。

我一直都很喜欢地球自然力量雕刻出来的东西，这激发了我使用珍珠的灵感。对于珍珠，除了喜欢柔和的外表和神秘的光泽，它还是一种有机宝石，也正是我喜欢的。

梦宝星（Mauboussin）

梦宝星成立于 1827 年，是法国最古老、最受尊重的珠宝沙龙之一，梦宝星的一些作品可以在欧洲皇冠中被看到。

● 帕特里克·梦宝星（Patrick Mauboussin，梦宝星公司主席）谈珍珠

帕特里克·梦宝星和日本皇后美智子（1994）。

我们热爱珍珠，在上百年的历史中，我们为许多杰出人物创造了瑰丽的珍珠首饰。但我们创作的最精彩的作品之一，设计是围绕法属波利尼西亚产出的一颗华丽的黑珍珠完成的。一个美丽的、镶嵌宝石的杯子，在 1994 年

日本天皇明仁和皇后美智子访问巴黎时赠送给了他们。因为他们对水的热爱，这个异想天开的"艺术品"突出了一条俏皮的鱼，微微颤动的唇叼着这颗美丽的珍珠，将财富深藏在里面。能够代表法国最好工艺、最有才华的工匠，用水晶雕刻了杯子，用碧玺雕刻了鱼，塑造了一个完美的背景来衬托珍珠的美妙。

贝尔纳 · 雅诺（Bernard Janot，宝石学专家，梦宝星宝石采购中心主管）谈珍珠

　　珍珠的大部分吸引力来自一个事实，即珍珠来自一个鲜活的生物，是一种真正的自然产物，而不是需要人为来改造，即使是最伟大的工匠也不能用任何东西来锦上添花。

　　珍珠有一种纯洁的亮度，这将它们与其他宝石区分开来，并让它们拥有了一种吸引人的诱惑力。

　　珍珠具有无与伦比的亮度和光泽，供应不可能得到保证，这在某种意义上促使了法国珠宝商复兴。我们喜欢现在的珍珠

神奇、迷人的调色板般的颜色，从白色、深灰色到黑色，从粉红、米白色、青铜色到金色，加上绿色、黑色和粉色的伴彩创造的微妙差别，色调的范围几乎是无限的。一颗活泼又有光泽的珍珠可以反映一千种不同的明暗色调，像一位魔术师，体现女性的柔美。珍珠对浪漫的人有一种特别的诱惑力，这毫无疑问，也许这就是我们法国人对珍珠有特殊评价的原因。

御木本

御木本公司由御木本幸吉创立，他也是开发和完善了养殖珍珠技术的人。这是一家专门经营优质养殖珍珠的公司，现在在东京、伦敦、巴黎、纽约和旧金山都有沙龙。另外，御木本珍珠可以在世界各地很多好的珠宝店里看到。

💿 石井喜久一郎（Kikuichiro Ishii，御木本美国公司主席）谈珍珠

我们销售的东西真的可以让你看到我们认为对珍珠来说最重要的是什么——品质。我们的珍珠代表了所有珍珠中前 3%~5% 的珍珠。它们因珍珠层、光泽、颜色和形状而被选中。珍珠层的厚

度非常重要，也许是最重要的。当然，这意味着表面完美、形状好的珍珠会更加稀有、昂贵。为了得到厚的珍珠层，珍珠在牡蛎中待的时间越长，越有可能出现风险。

我们不强调大小，但强调美丽。先找富有光泽的珍珠，并选择你能负担得起的最好的品质。

建议你从提供广泛选择的优质珍珠的商店购买，通常有很多优质珍珠库存的珠宝商给珍珠开的价格会比只有限量珍珠的珠宝商开的价格更合理。

🏸 高桥光一（Koichi Takahashi，御木本公司高级副总裁）谈珍珠

如果你的预算有限，不要降低珍珠的品质，相反，你可以考虑以下因素：

·选择稍微小一点的珍珠——如选择一串 7~7.5mm 的珍珠，而不是一串 7.5~8mm 的珍珠。你可能会惊讶地发现，一串稍微小一点的优质珍珠项链看起来会和一串更大、质量一般的珍珠项链差不多大。

·在项链的长度上折中，先买一条较短的项链，以后还可以再加长项链。

·看可替换性，你可以给项链添加其他用途而不单单是一条项链。

蒂芙尼（Tiffany & Co.）

蒂芙尼是美国历史最悠久、最负盛名的珠宝公司之一，成立于1837年。现在蒂芙尼已经成为优质、独特、创新的设计和珍稀宝石的代名词。今天，蒂芙尼在美国和亚洲、欧洲的很多大城市都有商店。

● 珍妮·B. 丹尼尔（Jeanne B. Daniel，蒂芙尼前高级副总裁）谈珍珠

我们鼓励顾客用挑剔的眼光去购物，必须对几个物理特性进行评估：大小、形状、颜色、光泽、成色、表面情况和匹配性。你问问自己："这颗珍珠与我很相配吗？表面没有明显缺陷吗？颜色和光泽是从珍珠深层散发出来的吗？"

各种环境影响使高品质的珍珠越来越少。当购买珍珠饰品时，这些条件迫使聪明的购物者寻找受人尊敬且富有珠宝和宝石经验的珠宝商。蒂芙尼拒绝的珍珠比接受的珍珠更多，对珍珠质量的最低标准比任何地方的竞争对手的最高标准还高。

在158年的历史中，蒂芙尼已经形成了自己独特的浪漫风格。1908年，关于珍珠最权威的书——《珍珠之书》——由乔治·弗

雷德里克·孔兹完成，他是美国最重要的宝石专家，也是蒂芙尼的副总裁。他强调的关于珍珠非凡质量和光泽的选择标准，现在仍然实行着。

蒂芙尼珍珠系列一直是以简单、经典、优雅著称，就像这里展示的爱德华时期设计的一样。这件白金钻石胸衣是基于19世纪后期的设计，现在由蒂芙尼永久收藏。它用小花、格子、流苏和蝴蝶图案来装饰，由五串养殖珍珠项链支撑着（原版含有天然珍珠）。珍珠链可以用黑色天鹅绒丝带替换。每件胸衣的主题都在耳环、吊坠和一串珍珠与钻石链中得到诠释。它们真是伟大的珍珠作品。

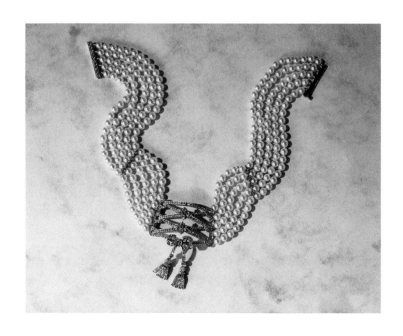

特里奥（Trio）

特里奥珍珠公司对于世界各地到香港旅行的人来说是众所周知的。这家拥有40年历史的公司专门经营最好的珍珠，并在全球培养了一批杰出的客户。

◉ 萨米·乔（Sammy Chow，特里奥公司主席）谈珍珠

对珍珠来说，我认为最重要的是高光泽度和光滑的涂层。光泽带给珍珠生命和身价，而这要通过珍珠光滑的表面表现出来。关乎珍珠光泽的是涂层的厚度。颜色和形状也同样重要，形状越圆、尺寸越大的珍珠越有价值（假设它们有高光泽度、光滑的涂层，这两样是最重要的）。最受追捧的颜色是略带粉红色的白色，但黑色和金色的需求也很大。就我个人而言，我觉得光泽和颜色是最先引人注目的要素。

每一位珠宝收藏家最基本的收藏应该是日本养殖珍珠项链。

最受欢迎的大小是 7~9mm。南洋珍珠是非常珍贵的，也是重要礼物的完美选择。

我们曾经卖出的项链中最重要的是两条南洋珍珠项链，它们有最稀有的宝石质量，直径在 11~15.5mm 不等，都是三层项链。第一条是欧洲一位公主在 10 年时间收集到的一串匹配的白珍珠链，然后过了几年，收集到另一串链子来搭配，是黑色的！然而，最终她收集来搭配其他两串的第三串，是深金色的！

第二条项链是一条三层链，第一层是白色的，第二层是黑色的，第三层是深金色的。这些项链都是热爱和激情的劳动成果，需要花费好几年的时间去创造它们，当它们完成时，真的是值得拥有的宝贝。

梵克雅宝（Van Cleef & Arpels）

法国珠宝公司梵克雅宝自 1906 年成立以来，一直被公认为是世界领先的公司。现在美国、欧洲和远东地区的 32 个城市和机构都有沙龙，以设计的创新性、生产技术与众不同而闻名。

亨利·巴尔吉尔吉安（Henri Barguirdjian，美国梵克雅宝公司前总裁）谈珍珠

今天大多数人仍然不知道什么是珍珠。他们认为养殖珍珠

是"真的"[1]珍珠。他们不知道怎么区别。质量最好的养殖珍珠是非常可爱、令人满意的，也是非常昂贵的，但无法与精美的天然珍珠相比。天然珍珠罕见且充满异国情调，每一颗都是独一无二的，而养殖珍珠却有丰富的供应。

在梵克雅宝，我们在经典的珍珠设计中使用优质的养殖珍珠，而那些独一无二的珠宝使用真的珍珠。我们发现真的珍珠仍有市场，每年我们都成功吸引相当数量的非常挑剔的客户。

现在市场上充斥着大量的养殖珍珠，但往往不是很好。大多数人认为他们买到的东西与真正想买的东西有很大的不同。其实他们不明白很多珍珠只是人为地放在牡蛎中而已。在某些情况下，考虑到养殖珍珠的质量不好，他们担心钱会花在假珍珠上。

无论是养殖珍珠还是真的珍珠，我们强调质量。除此之外，真的没有什么可说的了。我们部分看中好成色（见第三部分第5

---

① 巴尔吉尔吉安先生用"真的"这个词来表示天然珍珠，FTC（公平贸易委员会）要求"真的"这个词只能用来指代自然的。

章），不幸的是，现在不经常看得到这种珍珠，光泽、形状、表面完美也是如此。在我看来，尺寸是不那么重要的。事实上，一位大名鼎鼎的客户为了想要一对非常大的水滴状珍珠来找我们，希望珍珠越大越好。我给她展示了几对，最小的质量远远超过其他珍珠。我与那位女士僵持了很久，想要说服她关注小的那一对，我甚至还告诉她，如果尺寸是那么重要，建议她买一对耳环会更好，那样她可以很容易地找到一对很大的滴状耳环！渐渐地，她开始看到珍珠的差别，并理解和欣赏那串"小"的珍珠的品质——与标准尺寸相比，其实一点都不小——她买了小的一对珍珠。

我们有时会努力帮助客户看到和欣赏到珍珠的质量差异，但毕竟，不管是养殖的还是天然的，好的质量造就了美丽的珍珠！这就是所有问题的关键。

佛杜拉（Verdura）

佛杜拉公司是由富尔科·圣斯特凡诺·德拉塞尔达（Fulco Santostefano della Cerda）公爵创建的。佛杜拉公爵于1898年出生在西西里岛（Sicily），是香奈儿最喜欢的一位服装设计师，帮她设计最具革命性的作品。佛杜拉公爵于1939年在纽约开了自己的公司，在第五大道一套公寓中。他的作品在富有、前卫的客户中立即获得了成功，独具匠心的设计风格结合了文艺复兴时期的特点，既是经典的、耐用的，同时也是智慧的、非常规的。佛杜拉今天的作品仍然如此。

爱德华·兰德里根（Edward Landrigan，佛杜拉公司总裁）谈珍珠

珍珠——宝石中的女皇——有一种温暖、柔和、天鹅绒般的触感。它的自然特性散发出一种感性的力量，将它从所有其他宝石中区分出来。

在担任苏富比拍卖行珠宝部门的负责人时，我有机会接触一颗璀璨的明珠，它也许比其他所有珍珠都好。人们能感受到珍珠的吸引力以及用珍珠来表达感情。这是一颗著名的珍珠，被称为"漫游者"珍珠（见第一部分第 2 章）。1969 年，理查德·波顿（Richard Burton）在苏富比拍卖行一次重要的珠宝拍卖中得到了它，并将它作为情人节礼物送给了伊丽莎白·泰勒（她现在仍然拥有着它），他把这颗珍珠看作一个珍贵的宝物，认为它能充分传达对伊丽莎白的爱。

然而，故事并没有结束。在拍卖的前一天，一些轰动的新闻媒体报道，西班牙王位觊觎者发表声明，宣称已经拥有了珍珠的所有权。在处理完炸弹恐吓和航班延误后，我才把

珍珠运送到正在拉斯维加斯（Las Vegas）的恺撒皇宫酒店的波顿家族。在把珍珠戴到伊丽莎白·泰勒的脖子上几分钟后，项链就消失在巨大套房粉红色的粗毛地毯中。为了找到它，我们必须用手和膝盖在地毯上爬行。当我爬过一张沙发时，伊丽莎白的一只狗正在咀嚼着什么。我把伊丽莎白叫来，事实上，珍珠在狗的嘴里。当珍珠被拿出来时，上面只有一些小划痕。这串珍珠与伊丽莎白搭配得非常成功，可惜的是，婚姻并没有持久。我猜想，它并没有实现理查德希望带来的魔力。

从历史来看，珍珠一直是送给心爱的人表达爱意的礼物，现在仍然是这样。珍珠是客户的最爱，而且我们也喜欢创造珍珠首饰，正如你看到的那样，我们仍保留着佛杜拉出名的特点。

在佛杜拉，我们使用各种各样的颜色和形状，具体选择取决于客户描绘的风格——休闲放松、低调优雅、性感妩媚。然而，无论看起来如何，我们都会仔细选择优质珍珠，选择那些经得起时间考验、让人当作传家宝的珍珠，就像"漫游者"珍珠可以传给子孙后代。

海瑞温斯顿（Harry Winston）

海瑞温斯顿公司是以传奇创始人的名字命名的，他想创造一家这样的沙龙：它可以成为第一个也是最重要的一个罕见宝石的展示中心。纽约沙龙因大量钻石经典设计方面无与伦比的宝石收藏而闻名于世。今天，海瑞温斯顿的儿子继续对稀有宝石怀有执着的追求。珍珠也不例外。

🕊 劳伦斯·S. 克拉舍斯（Laurence S. Krashes，海瑞温斯顿公司前任副主席）谈珍珠

说到珍珠，我立刻想起我们第一次看到大溪地黑色养殖珍珠，虽然是养殖的，但是颜色非常自然。它们是新的，不为人所知，所有收获中一共有 17 条项链和各种配对。它们令人激动，且令人印象深刻，很有戏剧性，我们全都买下了！我们把它们放在珠宝中，并把它们展示给全世界。剩下的就是历史了。

在温斯顿，我们只接受"像宝石一般"的珍珠，颜色、光泽、完美无瑕的质量使它们变得非常稀有和珍贵，值得我们放入库存。因为我们有国际客户，我们有时也必须满足世界某些地区对不同颜色和色泽的诉求。例如，南美的客户往往喜欢黄金色调的珍珠。

　　我们喜欢将珍珠与钻石搭配在一起，它们会互相映衬和提升对方。珍珠的光泽柔化了钻石的辉煌，而钻石的灿烂增加了珍珠的光泽，引起了更多的关注。

第 12 章 华丽的拍卖会：拍卖出珍藏级珍珠

如今，拍卖沙龙已经成为世界上最好的天然珍珠以及最重要的养殖珍珠的主要来源。像佳士得和苏富比这样的国际大公司，历史可以追溯到 18 世纪中期。即使像日内瓦的安帝古伦那样声望小一些的拍卖行，也曾经成功地把一些历史上最华丽的珍珠（包括第一部分第 2 章介绍的具有历史意义的珍珠）带到公众眼前。值得我们注意的是，在那些罕见的珍珠中，人们曾经支付的最高价格纪录产生在 2005 年，以 251.636 万美元拍卖出了一颗天然珍珠！

在接下来的章节里，来自佳士得的珠宝部主管弗朗索瓦·居里埃尔（François Curiel）与来自苏富比珠宝部的前任主管约翰·布洛克（John Block），介绍选购珍珠所需要考虑的因素，并为我们讲述近年来经他们拍卖的一些华丽珍珠。

佳士得国际拍卖行（成立于 1766 年）

弗朗索瓦·布洛克与珍珠的渊源

弗朗索瓦·布洛克是佳士得国际珠宝销售部主管，佳士得欧洲副主席、佳士得瑞士主席，同时作为佳士得纽约、日内瓦、圣莫里茨（St-Moritz）、伦敦、阿姆斯特丹（Amsterdam）和罗马等各分行的珠宝销售主管，销售过弗洛伦斯·古尔德（Florence Gould），玛乔丽·梅里韦瑟·波斯特(Marjorie

Meriweather Post），纳尔逊·洛克菲勒（Nelson Rockefeller），琼·克劳福德（Joan Crawford），默尔·奥伯伦（Merle Oberon），玛丽·皮克福德（Mary Pickford），卡洛琳·瑞安·福克（Caroline Ryan Foulke）等珠宝收藏家的藏品，见过世间最美好的珍珠。

弗朗索瓦·布洛克谈珍珠

如同钻石一般，不同的珍珠等级影响着珍珠价值，著名 4C 法则是确定钻石价值的标准。我们只需对其稍做调整，也可以应用在珍珠评级中。

·颜色　一颗好的珍珠，不管是白色、粉色、奶油色、灰色、金色还是黑色，都需要有自己标志性的颜色或色调，颜色生动而不朦胧。

·光洁度　最受欢迎的珍珠通常都是那些表面干净、没有任何划痕、裂缝或者瑕疵的。

·切工　形状应该是正圆形、梨形或者纽扣形。

佳士得纽约分行售价超过100万美元的卡地亚珍珠项链。

·重量（克拉）　珍珠是以毫米和谷为单位来衡量的，1克拉为4谷，珍珠越大越好。

在购买珍珠前，建议大家从宝石实验室取得珍珠鉴定证书（是天然还是养殖）。对养殖珍珠而言，分析报告可以确定它的颜色是否天然，这将很大程度影响珍珠的价值。

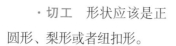 佳士得国际拍卖行售出的著名天然珍珠

摄政王珍珠

由佳士得日内瓦分行分别在1988年5月12日以85.91万美元的价格售出，以及在2005年11月11日以2516360美元的价格售出。

描述：一颗重 302.68 谷的天然卵形珍珠，悬挂在一个银色和金色叶片造型钻石装饰上（参见彩页部分）。

历史与重要意义：摄政王珍珠，由于状态良好，以及在大小、重量和历史意义上的优势，一直保持着单颗天然珍珠拍卖价格的最高世界纪录。

1811 年，拿破仑以相当于总价 8000 美元的价格购得"摄政王"珍珠，送给第二任妻子玛丽－路易斯（Marie-Louis）皇后的礼物。随后，拿破仑三世把它作为爱的象征送给了新娘——欧仁妮。在 1870 年开始的法国政治动乱期间，摄政王珠与多数法国皇冠珠宝一起一直被隐藏于世，直到 1887 年在一场拍卖会上，被一位名叫彼得·卡尔·法贝热（Pétre Carle Fabergé）的俄国珠宝商（以收藏镶满宝石的纪念卵形珠宝闻名）以相当于 3.5 万美元的价格买走。之后，他将这颗珍珠卖给了俄国公主兹奈达·尤苏波夫（Zenaïde Youssoupov）。她很喜欢这颗珍珠，经常把它作为珍珠项链吊坠或者发饰佩戴。后来，随着俄国革命的爆发，几乎再没有人知道这颗珍珠的下落。

萨拉珍珠

由佳士得日内瓦分行于 1992 年 5 月 21 日以 47.06 万美元的价格售出。

描述：一颗灰色泪滴形珍珠，包括顶部配套的钻石珠帽（参见彩页部分）。

历史与重要意义：萨拉珍珠的大小、罕见的颜色以及神秘的起源，赋予了它非常重要的意义。通过佳士得在 1992 年的深入研究，我们意识到这颗灰色珍珠很可能就是 J. B. 塔韦尼耶（J.B.Tavernier）所提到的 "3 号珍珠"（见第一部分第 2 章）。它来源于委内瑞拉海岸附近的玛格丽塔岛。萨拉珍珠重约 220 谷（正好是塔韦尼耶的 3 号珍珠的重量），随着时间推移，珍珠上方的金色钻石珠帽已经成了珍珠的一部分，在不损坏珍珠的情况下，几乎不可能把它分离出来。

拉帕莱格林娜珠

由佳士得日内瓦分行于 1987 年 5 月 14 日以 46.38 万美元的价格售出。

描述：一颗重 133.16 谷的梨形珍珠，上方包括一个玫瑰切割的叶形珠帽，以及一颗圆形切割钻石。

历史与重要意义：我们在第一部分第 2 章中对拉帕莱格林

拉帕莱格林娜珠。

塔季扬娜·尤苏波夫（Tatiana Youssoupoff）公主（1769—1841）佩戴单个拉帕莱格林娜珠耳环。

娜珠曾做过详细介绍，它的历史可以追溯到 17 世纪，曾经是西班牙皇冠上珠宝的一部分，之后由菲利普四世送给了女儿玛丽亚·特雷丝与法国路易十四的结婚礼物。一颗如此精致又巨大的珍珠实在是绝无仅有。

巴罗达珍珠项链

由佳士得纽约分行于 2007 年 4 月 25 日以 709.6 万美元的价格售出。

描述：由 68 颗大小在 9.47~16.04mm 不等的珍珠组成，并通过一个垫型切割的卡地亚扣连接。

历史与重要意义：这条非凡的天然双层珍珠项链是从巴罗达大公皇室珠宝的七层珍珠项链中精选出 68 颗最大的珍珠串连而成，这些珍珠无论从颜色、光泽还是形状上都堪称完美组合。在拍卖史上，还从未出现过任何来源如此不平凡的例子。巴罗达珍珠项链是 2007 年美国拍卖会上售价最高的珠宝，也创造了当时珍珠珠宝的价格纪录。除珍珠项链外，这一套装里还包含了一对天然珍珠与钻石构成的耳环、一枚胸针及一枚戒指。

曼奇尼珍珠（Mancini Pearl）

由佳士得日内瓦分行于 1969 年 10 月 2 日以 33.3 万美元的价格售出。

玛丽亚·曼奇尼佩戴珍珠项链和一对曼奇尼耳环。

描述：一对带有三叶形钻石珠宝的水滴形珍珠耳环，其珍珠可拆卸，重量超过400谷。

历史与重要意义：这对耳环最初是佛罗伦萨最具权势的美第奇家族珍珠藏品的一部分，在1600年，玛丽亚·美第奇（Maria Medici）在嫁给亨利四世（Henry IV)的时候把它带到了法国，之后，玛丽亚在女儿亨丽埃塔·玛丽亚（Henrietta Maria）与英国国王查理一世（Charles I）的婚礼上，将曼奇尼作为家族礼物送给了他们。

在查尔斯的统治陷入困境时，亨丽埃塔的大部分私人珠宝都被变卖以募集资金。但她一直不肯把珍爱的耳环卖掉，直到后来，她变成了一个贫穷的、到处流亡的寡妇，为了维持自身生计，不得已才变卖。她把曼奇尼卖给了侄儿——法国的路易十四，路易十四又把曼奇尼送给红衣主教马萨林的侄女玛丽亚·曼奇尼（Maria Mancini）。曼奇尼珍珠的名字由此而来。有传言说，路易十四深爱着玛丽亚，认为除这一对罕见珍贵的珍珠耳环外，没有任何事物可以表达他对玛丽亚爱的深度。最终，玛丽亚却嫁给了克隆内王子，曼奇尼珍珠也就一直在克隆内家族流传。直到最后，某位匿名收藏家把它委托给佳士得进行拍卖，曼奇尼珍珠才重现于人们的视野。

佳士得国际拍卖行售出的华丽养殖珍珠

佛罗伦萨·古尔德项链（Florence Gould Necklace）

由佳士得纽约分行在 1984 年 4 月 11 日以 99 万美元的价格售出。

佛罗伦萨·古尔德项链。

由钻石垫片分隔的、圆形天然三层大溪地黑珍珠项链（参见第五部分第 11 章，宝诗龙）。

描述：这一项链设计为钻石花藤状，配上数颗大小从约 12mm 逐渐过渡到 16mm 的南洋珍珠，它的花状扣环配有两颗由钻石和养殖珍珠构成的吊坠，并镶嵌在铂金上，由亚历山大·列扎（Alexandre Reza）签名。

历史与重要意义：无比对称和完美搭配的珍珠使得这条项链可以称得上名副其实的"瑰丽"。佛罗伦萨·古尔德出生在洛杉矶，她对摄影、珠宝、家具、文学和音乐有着传奇性的追求。她的珠宝和宝石收藏称得上世纪最显赫的收藏之一，其中，珍珠藏品又是一大亮点。人们至今还清晰地记得，在她戛纳（Cannes）的家中，招待客人的庭院里所用到的那些巨大的珍珠装饰。她的收藏是佳士得拍卖史上最杰出的个人收藏之一。

三层养殖黑珍珠项链

由佳士得纽约分行在 1989 年 10 月 24 日以 8.8 万美元的价格售出。

描述：这三层项链分别由 37 颗、39 颗和 43 颗大小在 12~15mm 的天然黑珍珠与钻石垫片交替穿成，并配上 3 个椭圆状的圆形切割钻石小花扣环。

历史与重要意义：天然黑珍珠比白珍珠稀少，且散发着无与伦比的异域风情。它的产量有限，实际上，我们在各个收获季收获的大溪地黑珍珠大多是巴洛克形而不是圆形的，如果想要得到相同颜色（黑色深浅差别巨大）更是难上加难，这也是精美和谐的圆形大溪地黑珍珠项链会如此罕见、难得的原因。

苏富比国际拍卖行（成立于 1744 年）

约翰·布洛克与珍珠的渊源

约翰·布洛克是苏富比执行副总裁和苏富比北美及南美的董事会成员。自 1981 年以来，他就一直负责苏富比珠宝及珍品部门，

并监督苏富比每一笔珠宝交易顺利进行。他经手处理过一些来自许多名人，[如安涅－劳里·艾特肯（Annie-Laurie Aitken），阿梅莉亚·皮博迪（Amelia Peabody），本森·福特（Benson Ford），克莱尔·布思·卢斯（Clare Boothe Luce），安迪·沃霍尔（Andy Warhol），阿娃·加德纳（Ava Gardner），波莉特·戈达德（Paulette Goddard），杰克·沃纳（Jack Warner），海瑞·温斯顿（Harry Winston），等等]所收藏的世间最美的珍珠。

约翰·布洛克谈珍珠

苏富比创造了天然珍珠、养殖珍珠、南洋养殖珍珠和大溪地黑珍珠价格的世界纪录。在这个过程中，我们发现客户在竞拍珍珠时主要看中的是珍珠的品质，他们在考虑颜色、形状、光泽和表面光洁度等质量因素后，最看重的是大小，因为大小象征着地位。

在挑选购买珍珠项链时，要注意选择每一颗珍珠都应尽可能地互相匹配，从而体现整体平衡、和谐的感觉。在苏富比拍卖会上卖出的美丽项链，全部都拥有几乎完美匹配的珍珠。

下面介绍的珍珠非常华丽，反映了珍珠的永恒之美，有的呈现出吸人眼球的罕见颜色，更以自身为例阐释了"一分价钱一分货"的含义。

苏富比拍卖行售出的著名天然珍珠

珍珠钻石皇冠（Pearl and Diamond Tiara）

由苏富比日内瓦分行于 1992 年 11 月以 64.5 万美元的价格售出。

描述：这顶珍珠皇冠由一排珍珠与钻石叶子交替支撑着一排八叶图案，并以珍珠点缀的钻石进行装饰，在钻石叶子上有着一颗巨大的梨形珍珠。

历史与重要意义：这顶由莱蒙尼尔（Lemonnier）设计的皇冠是拿破仑三世为和欧仁妮结婚向巴黎优秀珠宝匠下的订单。这一法式皇冠在 1887 年被卖了出去，并在 1890 年被艾伯特王子买下送给奥地利女大公玛格丽特的结婚礼物。近年来，这顶皇冠只在两个场合出现过，一次是 1980 年格洛丽亚公主与约翰内斯王子的婚礼上，另一次是 1986 年约翰内斯王子的 60 岁生日宴会上。经过苏富比拍卖之后，这一华美的创作随即被赠送给了巴黎的卢浮宫博物馆。

"漫游者"珍珠

由苏富比纽约分行于 1969 年 1 月以 3.7 万美元的价格售出。

描述：这是一颗重约 203.84 谷的梨形珍珠，它有一个由无数玫瑰钻进行装饰的花形白金底座。

历史与重要意义：16 世纪中叶，人们在巴拿马发现了这颗华美的珍珠，当时由于珍珠牡蛎太小，差点还没打开就被扔了。这颗珍珠最早被献给了腓力二世，此后便在欧洲皇室间流转了几个世纪（参见第一部分第 2 章）。1969 年，理查德·波顿将之买了下来。

苏富比国际拍卖行售出的华丽的养殖珍珠

天然黑色养殖珍珠钻石项链。

天然黑色养殖珍珠钻石项链

它由苏富比纽约分行在 1990 年 4 月以 79.75 万美元的价格售出。

描述：一条由 27 颗天然黑色养殖珍珠组成的总长约 17 英寸的项链，珍珠尺寸在 13.5~17.9mm，并通过一个集群式搭扣连接，搭扣上装饰有许多圆形、橄榄形和梨形钻石，重约 4.75 克拉，以白金镶嵌。

历史与重要意义：天然黑色养殖珍珠很少有尺寸超过 14mm 的。虽然苏富比也曾经拍卖过几条极其精致且尺寸超乎寻常的大溪地珍珠项链，但是这一条项链在苏富比拍卖史上是最大也是品质最好的。它卖出了 79.75 万美元的破纪录价格。

养殖珍珠钻石项链

它由苏富比纽约分行在 1992 年 10 月以 231 万美元的价格售出。

描述：这条项链长约 17 英寸（见彩页部分），由 23 颗养殖珍珠组成。16~20.1mm 的珍珠逐渐过渡，它们通过一个镶有 60 颗总重量约 8.25 克拉的球形钻石的白金搭扣连接。

历史与重要意义：这条项链也许是"完美"珍珠的终极诠释，是第一条进行公开拍卖的拥有如此品质和尺寸的项链，打破了拍卖史上养殖珍珠价格的世界纪录！

极其罕见的天然绿色养殖珍珠项链

它由苏富比纽约分行在 1988 年 10 月以 15.95 万的价格售出。

描述：这条项链长 17 英寸（见彩页部分），由 31 颗天然绿色养殖珍珠组成。11.2~14.1mm 的珍珠逐渐过渡，它们通过一个镶有一颗重 4.54 克拉的橄榄形变色钻石的白金搭扣连接。

历史与重要意义：这些非同寻常的天然绿色珍珠是大溪地水域的产物，也是第一条出现在拍卖会上的颜色如此不寻常却又高度匹配的大尺寸圆形珍珠项链。项链搭扣由一颗天然变色钻石组成，这颗钻石颜色会从黄色到绿色进行变换，更衬托出珍珠独特的颜色。

一对重要的养殖珍珠耳夹

它由苏富比纽约分行在 1989 年 4 月以 17.6 万美元的价格售出。

描述：这对珍珠耳夹由两颗纽扣形养殖珍珠组成，大小在 16.8~18.1mm，并以白金装饰。

历史与重要意义：澳大利亚南洋养殖珍珠出众的品质，配以惊人的尺寸，使得这一对耳夹成了一笔美丽的宝藏。

一对重要的养殖珍珠耳夹。

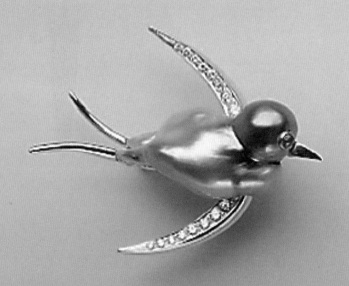

第六部分

珍珠佩戴与保养

第 13 章　不同风格的珍珠佩戴

　　珍珠比其他任何宝石都要实用得多——可以在任何地方搭配任何风格，你也可以从早到晚都戴着。当你穿着运动装时，它们让你显得有趣；当你穿着职业套装时，它们能为你增添"决策"感；即使当你穿着最迷人的晚礼服时，也能给你带来一种优雅的感觉。我们会采用创意穿线、使用创意的搭扣以及与其他珠宝进行有趣的混搭，而这些不同的佩戴方式增加了珍珠的多样性和实用性。

　　佩戴珍珠可以给人带来许多不一样的心情，同时也反映出不同女性的风格与特性。下文四张图片中的珍珠体现出女性的高雅时尚，以及怀旧与浪漫。

🥟 创意串珠链

创意穿线可以使整体搭配更独特。对那些喜欢彩色的人来说，将珍珠与其他宝石穿在一起，非常体现个人气质。将

珍珠与蓝青金石、桃色珊瑚、玫瑰色石英、绿沙金石或者黑玛瑙等宝珠穿在一起，会使颜色更多彩。这些珠子虽然比上等的珍珠便宜，但它们可以与珍珠相互衬托。如果你想花更少的钱买到一串长一些的项链的话，不妨考虑将它们跟珍珠

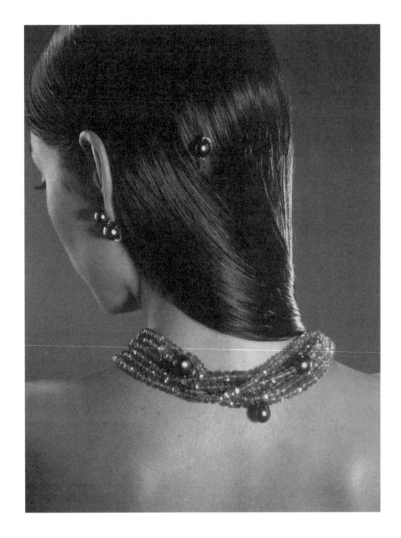

穿在一起。这些珠子随意搭配——可以跟珍珠一样大，可以
比珍珠小，可以比珍珠大，或者也可以大小混合——都能创
造出独特的风格。

　　如果你想打造出独一无二的风格，除了珠子以外，将珍

珠与闪亮的刻面彩色宝石或光滑的合成宝石穿在一起也会是
一种不错的选择。就像我们前面在第五部分第 11 章介绍的那
样，由于你选择的宝石颜色和种类不同，呈现的感觉可能非
常大胆前卫，也可能很性感诱人，抑或充满喜庆欢乐。

一个是古典优雅的南洋白珍珠串，另一个是由一颗南洋珍珠和黑色皮革构成的具有当代感的珠串。

做珠串时，将不同尺寸、不同形状的珍珠穿在一起，可以给人带来一种柔和的雕塑感觉，除此之外，你还可以在混搭时加入不同的颜色进行点缀。如果你制作的是一串长项链，也可以采用双层环绕或者扭转的方式，来呈现一种螺旋感觉。

为了满足你的要求，你可能需要找到适合的设计师来进行正确的组合，你的珠宝商应该可以帮你介绍合适的人选。需要记住的一点是，确保在每一颗珠子与珍珠之间进行打结，以免划伤珍珠。

创意搭扣增添多样性

如今，创新式的珍珠搭扣已引起诸多关注，也为大家提供了许多有意思的佩戴珍珠新方法，你可以通过插入或者移除搭扣把一条长项链扭转成双链，也可以添加或移除珍珠项链上的某一部分来做成一个项链／手链套装。

这些神秘搭扣常常能为珍珠配饰增添多样性。比起没有搭扣连接的项链，由神秘搭扣连接的珍珠项链更给人一种连续的感觉。实际上，所谓的搭扣就是在两颗珍珠间插入螺旋装置，你只需通过拧动这两颗珍珠就可以轻松地拧紧或者松开项链。

通过给歌剧型长项链（34~36英寸长）安装神秘搭扣，根据安装位置不同，你可以获得几种不同的项链：

利用白色和黑色哑光雕刻纯银部件分隔近圆形澳大利亚南洋珍珠，在减少大项链成本的同时，创造出一种大胆的外观。

可以戴在脖子正面
或者背面的创新型
螺旋扣。

·一条连续的歌剧型长项链。

·一条公主型长度的项链和手链（可以从项链上拧下一小截戴在手腕上）。

·一条双层项圈（分别长 16 英寸和 18 英寸）。

·一条单层项圈（长 16 英寸或 18 英寸）。

根据你的心情或者今天所穿衣领的风格，你可以选择搭配不同的珍珠项链。如果你想要突出更华丽的感觉，还可以再佩戴一枚胸针、别针或者珍珠配饰。即使你拥有一条项链，通过搭扣的使用，也可以使你看起来像拥有多条项链一样。

珍珠缩扣和纽扣为人们佩戴珍珠提供了许多不同的方式，而珍珠配饰可以为珍珠带来与众不同的效果，还可以用来突出其他的珠宝。珍珠配饰可以是吊坠或者胸针。

你的珍珠佩戴出你的创意

如今，你可以以任何想要的方式佩戴珍珠，大胆去尝试，勇敢去冒险——你可以在帽子上戴珍珠别针，在头上别珍珠发卡；把珍珠搭过肩膀或者把搭扣佩戴在正面，让珍珠垂在背后；把它们打一个温柔的小结，或者轻轻地扭动它们。看看本书照片中的美丽女人是如何佩戴珍珠的，我们还有很多学习的空间！不论任何场合，珍珠总能为我们带来好心情。

今天的女性能以任何自己想要的方式佩戴珍珠。

养殖珍珠在穿着得体的男士中引起轰动

几个世纪以来，珍珠一直被用于制作男士首饰，象征着权力与财富。从欧洲宫廷到莫卧儿帝国，几乎每个衣着得体的男士都佩戴珍珠。

今天的男士喜欢用各种各样的方式佩戴珍珠——如珍珠袖扣、珍珠领夹、珍珠别针等。男性珍珠配饰在如今绅士的穿衣搭配中非常受欢迎。

很少有珍珠能跟法属波利尼西亚产的天然黑珍珠一样使男士兴奋不已，尤其当它们用作礼服配饰时。很多男士喜欢将引人注目却又简单优雅的黑珍珠与白色的礼服衬衫或者牛仔夹克搭配在一起，形成强烈对比，以彰显力量与自信。

20世纪初，伊朗国王穆罕默德·阿里非常清楚该如何佩戴珍珠，图片中的他佩戴着被誉为"珍珠绝世之作"的凯额尼皇冠（Kajar）。

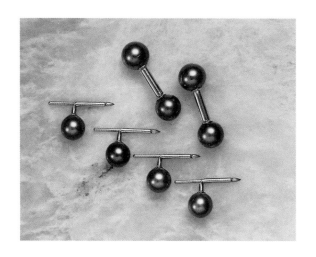

这些罕见的天然大溪地圆形黑珍珠构成了优雅高贵的绅士礼服套装配饰。单颗黑珍珠更突显男性非常强壮和阳刚的气质。

🦪 设计师将珍珠打造成适用于任何场合的珠宝

曾经，一串珍珠还是人们经典衣柜的基本构成之一，任何讲究服装搭配的女性都离不开它。一串华丽的珍珠能够真正地独领风骚，不需要再依靠其他的饰物来引人注目，它为自己代言！而如今，拥有一串珍珠仅仅是一个开始！

如今，珍珠吸引着全世界最好的设计师的注意。他们欣赏珍珠精妙的形状和颜色，以及独特个性。最重要的是，设计师认识到种类繁多的珍珠可以带来无限的可能性。

阿利肖（Alishan，美国）

居尔汗（Gurhan，美国）

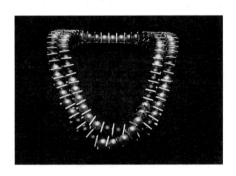

惠特尼·布安（Whitney Boin，美国）

本页和下页的图片是一些来自专业设计师设计的获奖作品，希望能给你带来一些激动人心的珍珠新造型灵感和珍珠的新发展方向。

在奇妙的珍珠世界，总有一颗适合你的珍珠在等着你。你对珍珠了解得越多，看见得越多，你希望得到的珍珠就越多！

亨利·杜奈
（Henry Dunay，美国）

萨尔基斯·萨兹
（Sarkis Saziz，美国）

艾拉·杰姆
（Ellagem，美国）

项链相关术语

· **围兜型**——由超过 3 串珍珠构成的项链。

· **衣领型**（或者狗项圈）——紧密贴合脖子，由多串珍珠构成的项链。

· **渐变型**——项链中心包含一颗大珍珠，两边珍珠个头逐渐向两边缩小。

· **均匀型**——项链中所有珍珠的大小接近。

· **结绳型**（又称"吊坠型"或者"套索型"）——比歌剧型长的项链都可以称作结绳型项链，通常长度超过 36 英寸。

· **螺旋型**——由多串珍珠拧在一起形成的项链，通常是短项链，也有更长一些的。

流行的均匀型项链长度

（所有珍珠大小基本一致）

1. 短项链……………… 14~16 英寸

2. 公主型……………… 17~18 英寸

3. 玛蒂妮型…………… 20~24 英寸

4. 歌剧型……………… 30~36 英寸

5. 结绳型……………超过 36 英寸

流行的渐变型项链长度

（项链中间的一颗珍珠较大，两边珍珠逐渐从前至后缩小）

下面分别是最大和最小的珍珠尺寸：

·7mm 到 3.5mm………… 19 英寸

·8mm 到 4mm…………19 英寸

·9mm 到 6mm…………20 英寸

第14章 珍珠保养

  如果你选好了珍珠，为保持美丽，还需要对它们进行适当保养才行。珍珠的致密结晶使它们非常耐用，但不可忽视的一点是它们的表面容易被划伤。如果你希望自己的珍珠能够一直保持美丽的光泽，并且能作为你的财富传递给后代，对它们进行适当保养是必不可少的。下面是一些重要的保养技巧：

  ·为避免珍珠表面被锋利的金属边缘或者尖头划伤，请将珍珠保存在独立的小袋子中。千万不要把它们随意扔进钱包或者旅行箱里。请把珍珠存放在那些又便宜又可爱的中国进口的缎袋里，当然，也可以存放在其他柔软的小袋里。如果你没有任何类似的小袋，可以用手帕或者柔软的纸巾把珍珠包裹起来。如果只是短期存放的话，你还可以用密封塑料袋来保护它们。但是，千万不要把珍珠长期放在密闭的环境里，它们需要湿度，并且要保证塑料容器密封，避免湿度流失。

·避免珍珠跟醋、氨、任何含氯漂白剂、油墨、发胶、香水、花露水和化妆品接触。在你喷完发胶、香水和涂完化妆品后再佩戴珍珠。这些物质会弄脏或者分解珍珠表面。对珠串或项链而言，这些物质还会使污垢和磨砂颗粒（来自化妆品）黏附在项链上；如果不除去磨砂颗粒，珍珠钻孔处将会非常容易出现磨损，还会削弱项链强度，使它们更容易破碎。

请特别当心不要把醋、氨和氯弄在珍珠上。醋是沙拉配料中不可或缺的一部分，如果你吃沙拉时不小心在你的珍珠戒指上滴了一滴，这很可能会给它带来灾难性的后果。几年前，我有几颗珍珠就是这么被毁掉的。那次我戴着一串巴洛克珍珠项链，而我的一位朋友不小心把一些沙拉配料溅到了上面。当时我并未发现，于是我把项链摘下来直接放进了首饰盒里。过了几个月，当我把项链从首饰盒里拿出来时，我简直太吃惊了，珍珠上出现了许多小洞，醋竟然把它们给吃掉了！

氨对珍珠来说也是致命的。请记住，许多商业珠宝清洁剂都含氨，千万不要用它来清洗珍珠。除此之外，许多家用清洁剂也是含氨的。有一次，我的一位朋友戴着一枚珍珠戒指参加珠宝展会。她打扫橱窗时忘记把戒指摘下来，清洁剂除了喷在玻璃上，还喷在了珍珠上而毁掉了这颗珍珠。

最后，请记住，氯常用于公共游泳池消毒，所以永远不要戴着你的珍珠首饰进入游泳池。

·在把珍珠收起来前，请先用湿润的软毛巾轻轻擦拭珍珠表面。珍珠表面残留的身体油脂和汗水，以及一些其他破坏性物质，对珍珠的颜色伤害巨大。

·建议定期清洗珍珠。在温和的肥皂水（不是洗衣粉）中用软布轻轻擦洗珍珠。为了保证清理干净，你也可以用一把柔软的刷子进行清洗。用清水冲洗干净，然后用一块干净、湿润的棉质毛巾把珍珠包裹起来（用那种类似于厨房毛巾，将它润湿后尽量拧干）。当毛巾干了的时候，珍珠也就干了，这样你也可以避免给它们带来其他风险。**千万不要使用含氨的珠宝清洁剂，含有氨、醋的化学品，或者磨砂清洁剂来清理珍珠。**

如果要清洁黏性灰尘，可以采用擦拭珍珠的方法，或者把珍珠放在透明卸甲水（老式的含丙酮的类型）中浸泡清洁。与氨和醋不同，丙酮不会伤害珍珠。

·避免将珍珠存放在过度干燥的地方。珍珠喜欢潮湿的环境，过度干燥的环境会导致珍珠层出现裂缝。实际上，在日本，有的珠宝商会在橱窗中放置许多小瓶装的水以避免灯光过热引起环境干燥。如果你把珍珠存放在保险箱中，请格外注意，这个地方通常非常干燥。记得在箱子里放一块潮湿的（不是湿透的）布，并且定期检查湿度，看看是否需要重新浸湿。另外需要注意的是，不要使环境过于湿润，在黑暗的环境中，湿气太重有可能出现霉变。

·请定期重新穿线。如果你的珍珠经常佩戴，我们建议你一年进行一次重新穿线。为了防止珍珠相互摩擦而损坏珍珠层，或者为避免穿线意外断裂而导致珍珠散落丢失，应该在每颗珍珠间都打上小结以进行分隔。有一种例外的情况是所用到的珍珠个头都非常小，在每颗珍珠间打结可能会影响美观，这个时候，我们推荐用丝来进行穿线。

·进行剧烈运动前请先摘除珍珠。汗水对珍珠来说是很不利的，更重要的一点是珍珠比其他大部分宝石都要柔软，你千万要小心，别戴着珍珠进行任何有可能划伤或者敲击它们的活动。

·请不要进行超声波清洗。这样做会损害珍珠，尤其在珍珠层较薄或者珍珠表面已经存在裂缝的情况下更是如此。

·抛光受损的珍珠有可能使其恢复往日之美。在移除珍珠表面点蚀、划痕和斑点这项工作上，我们已经有了许多成功的案例，可以使用非常轻柔的磨砂粒和麂皮对珍珠表现进行抛光，只需要轻轻地用麂皮和这些化合物去摩擦珍珠表面（如林德－A抛光化合物，可从多数宝石供应商处获得）。你可能会惊喜于发现你的珍珠重获昔日之美，但是需要注意：如果你的珍珠的珍珠层较薄，千万不要采用这种方法！因为这些磨砂粒还会移除部分珍珠层。

修复严重受损珍珠的新型生物技术也正在开发中。这项技术是通过将珍珠放回软体动物中，并利用某种液体来刺激珍珠层产生而实现珍珠修复。虽然还处于实验阶段，但这表明裂缝和钻孔是有可能被"新的"珍珠层填满的。

第七部分

购买前和购买后的重要建议

第15章　购买珍珠时应该问什么问题

下面这些问题可以给你提供信息，帮你做出更好的对比和选择。我们已经提到过，要确保所有的信息都在收据上注明。收据上显示的信息就是卖方向你描述的内容的凭据。若出现虚假描述，收据上标明的信息可以帮你获取赔偿。在美国，《消费者保护法》要求对事实进行准确而全面的描述。如果存在欺诈行为，卖方需要承担法律责任；在这种情形下，不管商店有何规定（比如不退换），卖方都必须退还货款，或者交付符合书面说明要求的产品。

·这些珍珠是天然的、人工养殖的，还是人造的？如果是天然的，请记得确保收据上须注明"天然珍珠"字样。同时，如果是人工养殖的，记得必须有配套的实验鉴定报告。如果无法判定，那么请记得获取实验室检测报告（见第七部分第17章）。

> X射线检查可以验证珍珠是不是天然的。但需要宝石鉴定实验室利用相应的专业设备进行检测，一般的X射线是不可靠的。

·珍珠形状是怎样的？你应该索要一份关于形状描述的报告，比如是圆形、巴洛克形还是泪滴形等等。如果是巴洛克形，还请注意是否对称。如果是圆形，请务必问清是不是真正的圆形，还是四分之三圆（三节圆）。如果是圆形，记住在收据上清晰地标明"圆形"（你可能还需要标明得更具体一些，比如非三节圆）。

·如何描述珍珠的整体质量？虽然对珍珠质量评定不存在普遍公认的分级标准，但资深的珠宝商都有一套自己的评价体系。他们知道出售的珍珠是非常好、好、一般，还是差。关于整体质量的描述也应该出现在收据上（如果珠宝商使用"AAA"这一类术语，记得问他们是用什么标准来定义质量差异的）。

·珍珠层厚度是多少？通常情况下，珠宝商一般不知道珍珠层的准确厚度，但是资深的珠宝商可以通过光泽强度告诉你是薄还是厚，并会在收据上进行标注。我们建议你在购买前了解珍珠层厚度。如果珠宝商不知道厚度的话，可以要求将珍珠送到实验室进行检测。如果珠宝商不愿意这样做，而你又想知道珍珠层的厚度，可以自己递交给实验室进行珍珠层厚度测定（见第七部分第17章）。

> 黑珍珠的珍珠层厚度必须通过 X 射线测定，即使是有钻孔的黑珍珠，珍珠层厚度也无法像"白色"珍珠或者"亮"珍珠一样通过放大镜或者显微镜检测出来。

·珍珠光泽好吗？是否呈现晕彩？你需要弄清楚珠宝商如何定义光泽度等级（异常高、非常高、高、中等、普通和差）。请记住，如果这些珍珠呈现出晕彩，很可能有比较厚的珍珠层。

·珍珠的颜色是什么？资深的珠宝商应该能够告诉你珍珠的体色和伴色，并且会把颜色信息注明在收据上：例如，"白－粉"的意思就是白色的体色和粉色的伴色。对于彩色珍珠而言，体色、伴色和色调都必须进行书面注明；例如"深金色－粉"，描述的珍珠体色为深金色，并拥有粉色伴色。

·如果是彩色珍珠，其颜色是天然的吗？如果珍珠颜色是天然的，请务必让珠宝商在收据上注明。同样，还需要有配套的实验报告证明其颜色是天然形成的。请务必索取原始报告，让珠宝商将报告号和报告日写在收据上，并附上注释"如所附报告所述"。如果没有实验室报告，可以请珠宝商去获取报告，或者在交易达成前，你要求对购买的天然颜色进行核查并且获取实验报告（见第七部分第 17 章）。

> 如果收据上注明"天然颜色"，那么珍珠的颜色必须是天然形成的，否则，卖方就存在虚假描述成分。

·如何评价珍珠表面光洁度？虽然对珍珠表面光洁度的评价也不存在普遍统一的标准，但收据上仍然要进行大致描述或标注，比如"完美""很好""一般"等等。

有时商家会使用类似于"完美无瑕""VVS""VS""SI""不完美"的术语进行描述。"VVS"是指珍珠存在非常轻微的瑕疵，相当于"很好"；"VS"是指珍珠存在比较轻微的瑕疵，相当于"好"；"SI"是指轻微瑕疵，相当于"良好"；"不完美"意味着珍珠存在严重的瑕疵，相当于"劣质"。

·珍珠的尺寸如何理解？对某品种珍珠而言，它的尺寸是平均尺寸？是大还是小？请记住，随着尺寸的增加，珍珠的价格也在增加（随着每半毫米增加）。请确认收据上记录有精确的尺寸。在描述均匀珠串中珍珠的尺寸时，通常以每半毫米作为范围划分标准，例如"7.0~7.5mm"或者"7.5~8.0mm"，依此类推；对渐变珠串而言，请分别标明最大和最小的珍珠尺寸，其他的则标为平均尺寸。

了解你心仪的珍珠品种对尺寸的划分，对你而言是有帮助的，因为尺寸往往体现着珍珠的稀有性和价值，方便你更好地进行估值。例如，对南洋珍珠来说，10mm 的珍珠不算很大，但对日本海水珍珠来说，10mm 的珍珠已经算非常大了，并且是很稀有的珍珠了；10mm 大小的海水珍珠项链比同类的 9mm 大小的项链要贵得多。

·珍珠匹配度如何？当你在购买珍珠项链、手链或其他含有许多颗珍珠的珠宝时，珍珠的匹配度非常重要。匹配度较低的珍珠很容易就能看出来，比起匹配度高的珍珠而言，所需花费也应该低很多才是。

上面这些问题可以帮助你更快地提升辨别珍珠品质差异的能力，并帮助你决定对你而言什么是最重要的。

如何选择一家信誉好的珠宝商

要给出如何选择珠宝商的建议是一件很难的事情，因为我们给出的任何规则都可能存在例外情况。珠宝商的规模和年限并不总是能作为判断是否可靠的依据。有些个人珠宝公司声誉非常高，有些却不是。有些公司已经在珍珠行业奋斗了很多年，并一直在最高标准的诚信和技术水平的基础上进行交易；而有些公司早就该被这行业淘汰了。

值得强调的一点是，对于普通消费者来说，仅从价格来判定卖方的诚信和技术水平是不可取的。除了珍珠品质的差异，珠宝生产过程不同也会导致价格的较大差异，而消费者往往不容易辨别这点。许多珠宝制造商将大规模生产线生产出的高质量珠宝供应给全国各地的珠宝商。大多数情况下，大规模生产的产品都能体现出美丽、经典的设计，通常比那些规模有限的生产线产出的珍珠或者独一无二的手工制品要便宜得多。有些设计师只在某些特定场所工作，由于其技术、劳动成本、声誉和限量等会产生溢价。独一无二的手工制品通常要比大规模生产的产品贵很多，因为生产的原始成本由个人承担，而不是像大规模生产那样由大家共同分担。

此外，各家商店、零售商也各不相同，这主要受各零售商的众多独特因素影响，包括保险覆盖范围差异、安全成本差异、信用风险差异、教育培训费成本差异、特殊服务不同，如内部设计和定制珠宝和维修、客户服务政策等等。

想要做出明智的选择的最好方法就是到处去逛逛。去你所在区域的几家比较好的珠宝公司，比较他们的服务，看看销售人员的见识、产品的质量和具体商品的定价。这样，你会对所在市场的合理价格形成一个大概的判断。同样地，为了确保指标是可比的，请记得询问正确的问题，并请注意设计和生产上的差异。在选择的过程中，考虑以下问题可能会对你有所帮助：

· 企业在行业中经营的时间有多长？去工商局进行快速核查，可以看出来是否有大量的消费者投诉。

· 珠宝商、经理人或者珍珠所有者的宝石学证书是什么机构颁发的？他们是否具有珍珠相关领域的专业特长？

· 商家能提供哪些特殊服务？是否提供定制珍珠服务、寻找稀有或者不寻常珍珠的服务，或者是否提供某些教育项目？

· 你会如何描述商家给人的整体感觉和氛围？珠宝展示是否漂亮？员工看起来是否专业和乐于助人，抑或给人爱出风头、咄咄逼人的感觉？

· 商店的退款政策是什么？是全额退款还是只退回商店信用积分？退款需要多久？什么情况下珠宝可以退回？

· 珠宝商会同意将某件作品采用记账的方式拿走吗？你不妨问问看，有些珠宝商是同意这样做的。然而，由于日益增长的安全风险以及保险公司的要求，除非你与这个珠宝商有私交，现在一般情况下商家是不会同意采用这种方式的。

·珠宝商可以在多大程度上确保产品与描述的文字保持一致？请保持谨慎，确保你询问了正确的问题，并且确保账单上记录了这笔交易完整准确的信息，否则的话，你可能会发现自己被专业术语所迷惑。

如果珠宝商不愿意或者不能给你提供必要的信息，无论你对这件产品有多么喜爱，我们还是建议你去另一家商店看看。如果你是在应急情况下进行交易，务必将应急条款列在票据上。

永远不要让自己被商家的花言巧语迷惑而接受任何买卖，对于那些说"尽管相信我吧"或者那些试图用"难道你不信任我吗"来吓唬你的商家保持警惕。一个值得信赖的珠宝商不会索取你的信任，他会通过见识、可靠性或书面方式给你提供所需要的信息来赢得信任。

总的来说，如果你愿意在珍珠上花较多的时间，并且愿意花时间去拜访几家珠宝商进行比较，你就会发现当你在辨别一家珠宝商是否资深、是否有信誉的时候更有经验。除非你是珍珠专家，不然，请多拜访几家优秀的珠宝公司，多问一些问题，仔细观察商品，然后再做出你的决定。

第 16 章　做好珍珠价值评估才能做好
珍珠投保

好的珍珠非常昂贵，当你的珍珠丢失、损坏或者被盗时，为确保你可以抵御这种风险，对珍珠进行完整的价值评估就显得非常重要。尤其当投保公司对这些珍珠提供更换而不是进行等价赔偿时，珍珠的价值评估就更为重要了。一次完整的珠宝评估能给保险人提供非常充分的信息，使保险人的珍珠在丢失或者损坏后真正获得品质相当的珍珠。

珍珠评估应该不仅限于对其当前零售价格的评估，还应该包括对珍珠是天然的还是人造的等属性的鉴定，以及珍珠品质的全面描述。一次全面的评估可以帮助你选择合适的保险，使你在更换珍珠时换取同类型的珍珠，并且作为珍珠丢失或被盗后的有效识别或认领依据。珠宝评估师也可以把你的珍珠提交给宝石鉴定实验室，以确认重要的信息并获取必要的相关文件。例如，珍珠是天然的还是养殖的，珍珠真正颜色来源以及珍珠层厚度等。

珍珠评估内容应该包括对珠宝首饰类型的描述（项链、戒指等），对搭扣类型、珍珠品质，以及所用到的其他宝石的详细描述。在描述珍珠本身时，必须说明珍珠是天然的还是养殖的，珍珠的种类（如圆形，淡水南洋珍珠等）、颜色、光泽和晕彩度，以及表面纹理、形状、圆度和大小。如果是对项链进行评估，需要提供珠串数量、每条珠串的长度及所包含的珍珠数，是否打结，以及每条珠串中珍珠的匹配情况。如果是渐变型珠串，还需要提供最大的（中心的）珍珠尺寸和珠串两端每颗小珍珠的尺寸，以此说明渐变的均匀程度。

你要找合格的、具有资质的珠宝评估师来进行珍珠鉴定。

选择具有独立资质的实验室或珠宝评估师

对于开展珠宝评估业务或者开设珠宝实验室而言，并不存在正式的官方指南或标准。任何人都可以声称自己是一名"珠宝评估师"，虽然在业内有许多高素质的专业人才，但也有一些缺乏专业知识的人士提供这类服务。因此你要精心选择评估师或实验室。此外，如果进行评估或打印报告的目的是验证真伪和鉴定品质，我们建议你选择宝石鉴定或评估行业相关人员，而不是宝石销售行业人员。

　　成为一名合格的宝石学家或宝石评估师需要经过一系列正规培训和经验积累。为确认你所确定的人选是否经过专业的培训，你需要看他是否持有相关专业证书。对于珍珠的评估也许还需要用到一些特别的专业知识，所以你还应该了解评估师是否有相关的从业经验。

　　·提供指定证书。查看是否具有由美国宝石学院和全球各地宝石协会（例如英国宝石协会）所颁发的国际认可证书。例如美国宝石学院颁发的最高 GG 证书（研究宝石学家）、英国宝石协会颁发的 FGA 证书、德国颁发的 DGG 证书和亚洲颁发的 AG 证书，以及其他宝石学会颁发的相应证书（澳大利亚颁发的 FGAA 证书、加拿大颁发的 FCGA 证书）。请确保你选择的宝石学家拥有以上证书之一。

　　·注意宝石学家的从业时间。要成为一名值得信赖的宝石学家，不仅需要经过正式的培训，还要求具有从业的相关经验，能够使用特定设备仪器来准确地判断、评价，并一直在这个领域工作。对珍珠进行评估的珠宝家，至少需要在设备齐全的实验室工作几年，并且长期接触各种各样的养殖珍珠和天然珍珠，才能具备珍珠评估的能力。

　　本章末列出的是一些在美国备受推崇的珠宝鉴定机构，希望可以帮助你在你的社区找到一家可靠的、具有独立资质的实验室或一位珠宝评估师。

美国鉴定师协会

华盛顿哥伦比亚特区　邮箱：17265

邮编：20041

联系电话：（703）478-2228

提供现有的宝石鉴定大师名单

美国宝石学会

内华达州拉斯维加斯市撒哈拉大道西 8881 号

邮编：NV 89117

联系电话：（702）255-6500

提供独立的认证宝石学家以及宝石鉴定师名单

认证宝石学家协会

犹他州盐湖城市南 1115 东 900

邮编：UT 84105

提供认证宝石实验室以及宝石专家名单

国际珠宝鉴定师协会

马里兰州安纳波利斯市　邮箱：6558

邮编：MD 21401-0558

联系电话：（410）897-0889

提供认证鉴定大师以及认证高级鉴定成员名单

第 17 章　获取实验室检测报告

　　虽然一名好的宝石学家可以确认珍珠的品质和价值，不过大多数情况下，缺少鉴定珍珠是否天然以及是否经过特殊复杂处理的必要的设备。因此，除了由一名好的珠宝评估师进行评估以外，我们建议任何人不论在购买高品质天然珍珠还是养殖珍珠时，都应该获取由声誉良好的实验室所出具的检测报告，尽管当时检测报告并不能作为常规报告随珍珠一起售出。

　　你在选择鉴定实验室时，首先需要弄清楚检测报告会提供什么信息。从本章所列举的示例报告中你会发现，不同实验室所提供的信息各不相同。报告所涵盖的内容不同，收费也各不相同。通常费用是比较合理的，想进一步了解的话，任何有声望的鉴定实验室都非常乐意为你提供珍珠检测服务及收费清单。

　　大多数鉴定实验室都提供各种复杂珍珠检测，包括 X 射线法，用于确定珍珠类型（天然、养殖等），此外，检测报告通常还提供关于大小/重量，形状，颜色和珍珠数量（珠串或者首饰中珍珠的数量）等信息。对黑色、金色、绿色等彩色养殖或天然珍珠而言，报告还应该说明其颜色是天然形成还是人工处理。对于人工处理过的珍珠，有些实验室还能鉴定出是通过什么方式进行处理的（不过消费者通常不需要知道珍珠通过哪种方式进行颜色增强，只需知道颜色是否天然形成）。

鉴于珍珠层厚度和珍珠的寿命之间的关系，可知珍珠层厚度是任何贵重珍珠首饰的关键信息。如果可能的话，我们强烈建议你从可以提供珍珠层厚度信息的实验室取得报告，尽管大多数实验室尚不提供此项服务。

在珍珠钻孔肉眼可见的情况下，独立的实验室或有经验的宝石鉴定师通常能够对珍珠层厚度做出准确的评估。在珍珠未钻孔的情况下，多数实验室或鉴定师也可以根据珍珠外观大致估计出珍珠层厚度，并指出哪些珍珠的珍珠层厚度是存在风险的。若珍珠钻孔很难检查或珍珠没有钻孔，对珍珠进行进一步复杂的实验室检测显然是很有必要的。

不论珍珠是否天然，颜色是否自然形成，想要获得精确的珍珠层厚度，实验室检测报告都是不可或缺的环节。宝石鉴定师会把珍珠层厚度、光泽度、表面光洁度、形状、颜色这些信息一起作为珍珠品质评估的依据，并据此估计出珍珠的价值（大实验室并不提供价值相关信息，许多甚至不提供珍珠品质分析服务）。越来越多的独立鉴定实验室和宝石鉴定师采用"大师"分级标准对白色海水养殖 AKOYA 珍珠进行分级，如"GIA 珍珠分级标准"和"IGI 养殖珍珠分级标准"。

如果没有其他显示珍珠质量信息，珠宝评估师对珠宝做出的质量评估报告在你确认珠宝卖家所提供的信息是否正确时是非常重要并且有很大帮助的（请记住：珠宝商对珍珠品质分级有一套自己的分级系统；一位珠宝商的"AAA"品质珍珠在另一位珠宝商那可能相当于"B"级）。宝石鉴定师可以帮助你更好地了解所拥有珍珠的品质，他们通常可以大致分为极度罕见、极好、很好、好、一般、差、很差几种等级。

如果你不方便将珍珠送到鉴定实验室或宝石评估师处，可以要求珠宝商代表你将珍珠提交给你选择的实验室进行鉴定评估。如果对将珍珠委托给一个陌生的机构心存疑虑，你也可以选择美国邮政进行投保运输，许多贵重物品都是采用这种方式发往美国各地，多数宝石和珠宝首饰也是采用这种邮寄方式进行运输的，所以你大可放心。

国际珠宝鉴定室发布的珍珠报告

本章挑选出的珠宝鉴定室发布的报告，包括珍珠的种类是天然的、养殖的还是人造的，珍珠的颜色是天然的还是后期处理的等鉴定信息，当然也有尺寸、重量和外观等信息。

有一些实验室会对珍珠层厚度进行描述并标明，一些实验室只在客户要求的情况下提供珍珠层厚度数据。有一些实验室除了提供珍珠层厚度数据外，还提供其他重要的品质因素分级情况。

由于珍珠层厚度和品质情况逐渐成为大家关心的重点，越来越多的实验室开始提供此类鉴定服务，目前还未提供类似服务的实验室也可能逐渐开始提供这些服务。因此，当你在寻找珍珠鉴定相关服务时，请直接与实验室联系，了解所提供的服务情况。

实验室检测服务所列关键词：

· A= 提供基本报告，说明珍珠属性（天然、养殖、人造）、尺寸 / 重量、颜色、形状。

· B= 提供基本报告，并提供珍珠层厚度说明（如"厚""中等""很薄"等），有些实验室会提供以毫米为单位的珍珠层厚度数据（如果提供，会加以说明）。

· C= 提供珍珠质量报告，包括基本信息，珍珠层厚度，以及光泽度、表面光洁度、形状和珠串匹配度分级情况。

· T= 提供只适用于交易的报告（在这种情况下，你可以要求珠宝商为你获取报告）。

可发布珍珠检测报告的国际实验室列表

美国宝石学会

宝石交易实验室

纽约州纽约市第五大道 580 号

邮编：10036

联系电话：（212） 221-5858

加利福尼亚州卡尔斯巴德市舰队街 5345 号

邮编： 92008

联系电话：（760） 603-4000

提供珍珠报告类型：A

国际宝石学院

纽约州纽约市第五大道 579 号

邮编：10036

联系电话：（212） 753-7100

提供珍珠报告类型：A，B（钻孔珍珠）， C

美国宝石贸易协会（AGTA）宝石检测中心

纽约州纽约市东第 48 街 18 号 2002 房间

邮编： 10036

联系电话：（212）752-1717

提供珍珠报告类型：A，B（要求时，可提供 mm 级
珍珠层厚度数据）

欧洲宝石实验室（EGL USA）

纽约州纽约市西 47 街 30 号

邮编：　10036

联系电话：（212）730-7380

提供珍珠报告类型：A，B（要求时可提供 mm 级平均珍珠层
厚度数据），　T

中央宝石研究所

日本东京都台东区上野 5-15-14 宫城大厦

联系电话：（03）3836-3219

提供珍珠报告类型：A，T

亚洲宝石学院及实验室（AGIL）

中国香港特别行政区九龙尖沙咀洛克街 11 号 7 层

联系电话：（852）2723 0429

古柏林宝石实验室

瑞士卢塞恩市 9 麦霍夫大街 102 号

邮编：CH-6000

联系电话：（41）41-429-717

提供珍珠报告类型：A，B（要求下可口头报告）

瑞士宝石学研究所（SSEF）

瑞士巴塞尔市福克纳大街 9 号

邮编：CH-4001

联系电话：（41）61-262-0640

提供珍珠报告类型：A，B（要求下提供）

德国宝石实验室（DSFE）及宝石研究中心

德国伊达尔 - 奥伯施泰因市施洛斯马赫大街 1 号

邮编：D-55743

报告类型：A

英国宝石协会

英国伦敦（红花山入口）格雷维尔街 27 号

邮编：EC1N 8TN   电话：+44（0）207-404-3334

提供珍珠报告类型：A，B（要求下提供），T

宝石学信息与服务中心（CISGEM）

意大利米兰 Via Ansperto，5

邮编：20123

联系电话：（39）（02）861-5525

提供珍珠报告类型：A，B（提供 mm 级珍珠层厚度
数据），C

亚洲宝石学院（AIGS）

泰国曼谷是隆大街珠宝交易中心 33 层 919/1

邮编： 10500

珍珠

GEM TRADE LABORATORY

A DIVISION OF GIA ENTERPRISES, INC.
A WHOLLY OWNED SUBSIDIARY OF THE NONPROFIT
GEMOLOGICAL INSTITUTE OF AMERICA, INC.

580 FIFTH AVENUE
NEW YORK, NY 10036-4794
212-221-5858
FAX: 212-575-3095

1630 STEWART STREET
SANTA MONICA, CA 90404-4088
310-828-3148
FAX: 310-829-1790

1234567

IDENTIFICATION REPORT

FEB 1 1996

This Report is not a guarantee, valuation or appraisal. Its contents represent the opinion of the GIA Gem Trade Laboratory at the time of grading, testing, examination and/or analysis. The recipient of this Report may wish to consult a credentialed jeweler or gemologist about the information contained herein.

At the time of the examination, the characterization of the item(s) described herein was based upon the following as applicable: magnification, millimeter gauge, non-contact measuring device, electronic carat balance, color comparators, standardized viewing environment and light source, ultraviolet lamps, refractometer, dichroscope, spectroscope, polariscope, specific gravity liquids, ultraviolet-visible and infrared spectrometers, X-ray fluorescence spectrometer, gamma-ray spectroscopy systems, beta radiation scintillation detector, radiation survey meter, X-ray luminescence equipment, X-ray powder diffraction camera, X-radiographic equipment, and ancillary instruments as necessary.

THIRTY-THREE (33) BLACK PEARLS GRADUATED FROM APPROXIMATELY 15.20 MM TO 11.30 MM IN A SINGLE STRAND NECKLACE WITH A WHITE METAL CLASP SET WITH ONE (1) TRANSPARENT NEAR COLORLESS ROUND BRILLIANT AND NUMEROUS NEAR COLORLESS ROSE CUTS.

CONCLUSION:

CULTURED PEARLS, NATURAL COLOR

This hologram is an additional measure of assurance of a GIA Gem Trade Laboratory Report.

NOTICE: IMPORTANT LIMITATIONS ON REVERSE

GIA Gem Trade Laboratory
Copyright 1995 GIA Gem Trade Laboratory

GIA 宝石交易实验室报告样本。

PEARL X-RAY REPORT

EUROPEAN GEMOLOGICAL LABORATORY

LABORATORY REPORT US AF0000080PX

DESCRIPTION: Thirty-seven (37) pearls in a single strand necklace with a round clasp set with transparent round brilliant cuts.

WEIGHT: 66.8 grams

MEASUREMENTS: Graduated from 9.55 to 12.9 mm

SHAPE: Round

COLOR/OVERTONE: Dark Gray

X-RAY FLUORESCENCE: None

CONCLUSION: CULTURED SALTWATER PEARLS, NATURAL COLOR

COMMENTS: Known in the trade as "Tahitian black pearls"
Nacre thickness: 1.3 to 1.7 mm

DATE: MAY 2, 2002

SAMPLE

EGL

European Gemological Laboratory

Terms and conditions on reverse

欧洲宝石实验室提供的养殖珍珠分级报告样本。

CISGEM

珠

CERTIFICATO DI ANALISI GEMMOLOGICA

CENTRO INFORMAZIONE
E SERVIZI GEMMOLOGICI

Azienda Speciale
della Camera di Commercio
Industria Artigianato
e Agricoltura di Milano

Servizio Pubblico
per le Pietre Preziose e le Perle
Laboratorio di analisi
DAL 1966 IN MILANO

CAMERA DI COMMERCIO
INDUSTRIA ARTIGIANATO E AGRICOLTURA
DI MILANO

Deliberazione di Giunta
n. 33 del 1984-01-24
e n. 232 del 1984-05-08

Ministero dell'Industria
Commercio e Artigianato
approvazione N. 301522
e N. 303961 del 1984-07-17
RIF. D.M. 5 AGOSTO 1966

RICHIESTA N. ....0000/000..   **BOLLETTINO DI ANALISI**
MILANO, LI   0000-00-00   **E CERTIFICATO N.** FAC-SIMILE

OGGETTO — 40 sfere, con foro passante, di colore giallo molto chiaro, opache con superficie lucente, su filo
Object — *40 very light yellow, opaque with shiny surface beads, on a string*

QUALITA' — perle di coltura
Quality — *cultured pearls*

DENOMINAZIONE — PERLE DI COLTURA (NUCLEO RIGIDO) CON FORO PASSANTE
COMMERCIALE
Commercial name — *DRILLED CULTURED PEARLS (BEAD NUCLEATED)*

PESO (massa) — Totale   59,8600 g   compreso il filo
Weight (mass) — *Total*   *string included*

DIMENSIONI — dd   10,00-10,50 mm
Dimensions

COMMENTI — Ambiente di formazione: acqua salata.
Lo spessore dello strato di pelagione varia da un minimo di 0,30 mm a un massimo di 0,80 mm, con una media di 0,50 mm.
Comments — *Growth environment: salt-water.*
The thickness of the nacre layer varies from a minimum of 0.30 mm to a maximum of 0.80 mm, with an average of 0.50 mm.

Le caratteristiche sopra descritte sono state rilevate nel Laboratorio CISGEM seguendo le procedure in uso in campo internazionale.
Le scale di riferimento e gli strumenti in dotazione al Laboratorio sono riportati sul retro del foglio.
The above described characteristics were detected in CISGEM Laboratory in accordance with the international procedures.
The data-scales and the instrumental equipment of the Laboratory are reported on the reverse side.

Il Resp. Tecnico-Scientifico   Il Presidente
Margherita Superchi   Massimo Sordi

dr Elena Gambini   *dr Margherita Superchi*

Via delle Orsole, 4
20123 Milano - Via Ansperto, 5
Tel. 02/85155255 - Telex 312482
Fax 02/85155258
COD. FISC. 80073490155
PART. I.V.A. 04917150155

POLIGRAFICO CALCOGRAFIA & CARTEVALORI S.p.A

CISGEM 实验室报告样本。

SCHWEIZERISCHES GEMMOLOGISCHES INSTITUT
INSTITUT SUISSE DE GEMMOLOGIE
SWISS GEMMOLOGICAL INSTITUTE

SSEF

Falknerstrasse 9
CH-4001 **Basel** / Switzerland

Telephone   061 / 262 0640
Telefax   061 / 262 0641
Postcheck   80-15013-2

TEST REPORT   No. Sample

on the authenticity of the following pearls

Shape:	one strand of 120 round to roundish, drilled pearls
Total weight :	approximately 32.23 grams (including thread and clasp with diamonds)
Measurements:	approximately 3.90 - 5.40 - 8.05 - 5.45 - 4.00 mm
Total length:	approximately 73 cm
Colour:	slightly cream to slightly rosé

Identification: regularly graduated necklace of
                          119 N A T U R A L   P E A R L S and
                          1 C U L T U R E D   P E A R L   (Nr 57 from the clasp)

SSEF - SWISS GEMMOLOGICAL INSTITUTE
Gemstone Testing Division

Basel, 16 March 1995 ls

L. Kiefert, Dipl.-Min.   Dr. H.A. Hänni, FGA

Only the original report with the official embossed stamp is a valid identification document for the described pearls.

SSEF 实验室报告样本。

附录

☙ 何处获取补充信息

养殖珍珠信息中心（Cultured Pearl Information Center）

321 East 53rd St.

New York, NY 10022

珠宝信息中心（Jewelry Information Center）

52 Vanderbilt Ave., 19th Fl.

New York, NY 10036

珍珠学会（The Pearl Society）

623 Grove St.

Evanston, IL 60201

世界珍珠组织（World Pearl Organization）

日本珍珠协会（Japan Pearl Promotion Society）

Shinju-kaikan, 3-6-15

Kyobashi, Chuo-ku

Tokyo, Japan 104

除了上面所列出的协会外，下面这些国际杂志是可靠
信息的来源之一

《珍珠世界》（*Pearl World LLC*）

302 West Kaler Drive

Phoenix, Arizona 85021

《珍珠学会通讯》（*Pearl Society Newsletter*）

通过珍珠学会发行

623 Grove St.

Evanston, IL 60201

🌕 推荐阅读

Ball, S. H. *The Mining of Gems and Ornamental Stones by American Indians.* Washington, D.C.: Smithsonian Institution, Anthropological Papers No.13, 1941.

《美国印第安人的宝石和观赏石的开采》，本书介绍了本土美国人非常珍视的珍珠的相关信息。

——. *A Roman Book on Precious Stones.* Los Angeles: Gemological Institute of America, 1950.

《罗马时代的珍稀宝石》，关于罗马时代珍贵珍珠的有趣视角。

Bradford, E. *Four Centuries of European Jewelry*. London: Country Life,Ltd., 1967. Interesting historical insights.

《欧洲珠宝的四个世纪》，关于欧洲珠宝历史的有趣视角。

Budge, Sir E. A. Wallis. *Amulets & Talismans*. New Hyde Park, N.Y.: University Books, 1961.

《护身符和符咒》，关于有趣的传说和神话。

Cavenago-Bignami Moneta, S. *Gemmologia*. Milan: Heopli, 1965.

《宝石学》是最广泛应用的宝石书籍作品之一，介绍珍珠的部分很出色，并拥有优秀的摄影。（只有意大利语版本）

Evans, Joan. *A History of Jewelry 1700-1870*. London: Faber and Faber,1953.

《1700—1870 珠宝历史》，特别有趣的古董珠宝收藏。

Farn, Alexander E. *Pearls: Natural, Cultured and Imitation*. Oxford: Butterworth-Heinemann Ltd., 1991.

《珍珠：天然、养殖和仿制》是非常完整的作品，可供销售员及专业人士阅读。

Kunz, G. F. *The Curious Lore of Precious Stones*. Reprint, with The Magic of Jewels and Charms, New York: Dover Publications, 1972.

《珍贵宝石的有趣传说》（由 Magic of Jewels and charms 重印），关于珍珠传说和神话的信息来源。

———. and Stevenson. *The Book of the Pearl.* 1908. Reprint, New York: Dover Publications, 1993.

《珍珠之书》，一本关于珍珠的最豪华和最全面的书，提供关于珍珠（尤其是天然珍珠）非常有趣的信息（虽然有些信息已不适用于现代）。

Landman, Neil, and Rüdiger Bieler, Bennet Bronson, and Paula Mikkelsen. *Pearls: A Natural History.* New York: Harry N. Abrams, 2001.

《珍珠：一部自然史》是一本美丽的书，结合在纽约的美国自然史博物馆和芝加哥的菲尔德自然史博物馆的"珍珠"展览而创作，这本书是为珍珠爱好者提供的盛宴。

Matlins, Antoinette L. and Bonanno, A. C. *Jewelry & Gems: The Buying Guide.* Sixth Edition. Woodstock, Vt.: GemStone Press, 2005.

《珠宝和宝石：购买指南》（第六版），一本非专业书籍，介绍珍珠的部分很出色。

———. *Engagement & Wedding Rings: The Definitive Buying Guide for People in Love.* Third Edition. Woodstock, Vt.: GemStone Press, 2003.

《承诺与婚戒：给沉浸爱河中的人的权威购买指南》（第三版），书中描述的珍珠部分很出色，特别是关于新娘装饰部分。

——. *Jewelry & Gems at Auction: The Definitive Guide to Buying & Selling at the Auction House & on Internet Auction Sites.* Woodstock, Vt.: GemStone Press, 2001.

《珠宝和宝石拍卖指南：在拍卖行和互联网拍卖网站购买及销售指南》，随着通过拍卖会购买、出售珠宝的方式逐渐变成主流，这本书告诉消费者若想参与这个"游戏"所需要知道的所有信息，也包括珍珠拍卖的部分。

Müller, Andy. *Cultured Pearls: The First Hundred Years.* Osaka: Golay Buchel Group, 1997.

《养殖珍珠：最初百年》，一本拥有出色照片，涵盖全世界所有品种养殖珍珠的出色书籍。适合任何热爱珍珠的人，包括专业人士和普通消费者。

Salomon, Paule & Roudnitska, Michel. *Tahiti: The Magic of the Black Pearl.* Papeete: Tahiti Perles (Papeete) & Times Editions, Singapore, 1987.

《大溪地：黑珍珠的魔力》，一次走进大溪地和黑珍珠的魔力旅程。许多照片堪称真正的艺术。

Shirai, Shohei. *Pearls and Pearl Oysters of the World.* Okinawa: Marine Planning Company, 1994.

《世界珍珠与产珠牡蛎》，提供英语和日语双语，通过照片展现出不同牡蛎和它们所生产的珍珠。本书是非常优秀的资源，尤其是对专业人士而言。

Strack, Elisabeth. *Pearls.* Germany: Rühle-Diebener-Verlag, 2006.

《珍珠》是一本关于珍珠相关信息的详尽作品，对宝石学家和任何热爱珍珠的人来说都是非常重要的资源。

Zucker, Benjamin. *Gems and Jewels—A Connoisseur's Guide.* New York: Overlook Press, 2003.

《宝石和珠宝——收藏家指南》，书中介绍了历史和世界上的伟大宝石，有出色的珍珠的部分。本书有许多令人着迷的历史事实和神话传说，以及许多来自不同文化的珠宝艺术示例。

珍珠实用术语

当你在购买珍珠的时候，下面一些实用词语帮助你更好地理解所见，并更准确地描述什么是你想要的。

鲍鱼（Abalone）—— 一种单壳软体动物，以其产生的色彩艳丽天然珍珠、外壳（常用作装饰）和鲍鱼肉（人们对鲍鱼肉的需求大大减少了鲍鱼的数量）而出名。

AKOYA—— 一种由日本"AKOYA"牡蛎所产生的珍珠，这种牡蛎又称为"马氏珠母贝"或者"合浦珠母贝"。

文石（Aragonite）——碳酸钙的一种形式，构成珍珠的大部分。

巴洛克（Baroque）—— 一种有着不规则形状的珍珠。

双壳软体动物（Bivalve mollusk）—— 一种拥有一对壳的软体动物，壳可以通过铰链的方式打开。

琵琶珍珠（Biwa pearl）—— 一种产自日本最大的湖——琵琶湖的无核养殖珍珠。

巧克力珍珠（Chocolate pearls） —— 一种颜色经过处理后呈巧克力色的珍珠，有些通过漂白而来，有些通过染色形成，染色的巧克力珍珠售价应低得多。

净度（Cleanliness） ——在珍珠表面无瑕疵（斑点、暗疮、裂缝），又被称为珍珠的"表面光洁度"或者仅仅是"光洁度"。

硬币珍珠（Coin pearls） —— 一种约一枚硬币大和厚的扁平淡水珍珠。它们呈现出美丽的光泽和晕彩，并可用于制作独特的项链、手镯和耳环。美国淡水硬币珍珠是公认的品质最好、最受欢迎的，但中国硬币珍珠的价格更便宜。

贝壳硬蛋白（Conchiolin） ——为缓解外来物质进入软体动物软幔组织内时所带来的不适，软体动物所分泌的第一层物质。通常为浅褐色，也有可能几乎是黑色的，类似于我们的指甲。它是一种高度多孔的材料，对珍珠形成特别重要，因为它将珍珠层结合在一起形成珍珠。

海螺珍珠（Conch pearls） —— 一种由巨型海螺产生的可爱、稀有、昂贵的珍珠，粉色是最理想的颜色，通常在珍珠表面会呈现出火焰状纹理。

培育珍珠（Cultivated Pearls） ——养殖珍珠的另一种说法。

穹顶珍珠（Domé® pearl） ——在软体动物内部，围绕着半圆形的壳核所生长的一种固体水泡珍珠，当珍珠移除时，周围的部分贝壳遗留下来。它有独特的外形，类似于马贝珍珠，有着半圆形的顶部，但看起来更加有趣，也更耐用。

珍珠箔（Essence d'Orient）——又称"珍珠精液"，是一种奎宁晶体混合物，常用于对贝壳、塑料、石头等各种材料的珠子进行包衣涂层，增加其光泽，以制作仿制珍珠。

荧光（Fluorescence）—— 一种通常不可见的光，但若暴露在紫外线辐射下会变得可见。当把珍珠放置在一个紫外线灯（这些灯提供长波辐射和短波辐射）下时，你可以看到珍珠呈现出一种或多种其他情况下看不到的颜色。宝石或珍珠在紫外线下所呈现的颜色——正常光线下不可见的颜色，这就是"荧光"。荧光的颜色，无论它在长波辐射和短波辐射下是否相同，都有助于识别天然珍珠和养殖珍珠。

淡水珍珠（Freshwater pearl）——由淡水珍珠蚌产生的珍珠。

加拉泰亚珍珠（Galatea pearls）——参见慈悲珍珠。

谷（Grain）——曾用作天然珍珠的标准重量单位。4谷等于1克拉。现在常用的重量单位是克拉。

金唇牡蛎（Gold-lip oyster）—— 一种大型牡蛎（大珠母贝变种），常用于生产南洋养殖珍珠；它能产生黄色的珍珠层，生产的珍珠颜色范围从白色到深金。

半钻孔（Half-drilledn）——部分钻孔的珍珠，常用于制作戒指或耳环。比起那些用于制作项链的全部钻孔的珍珠，这些珍珠（单颗珍珠）售价更高。

五彩珍珠（Harlequin pearls）——用各种不同颜色的天然

珍珠穿成。

贯（Kan）—— 一种日本重量计量单位，等于 1000 毛美
（momme）。

吉树（Keshi）珠——Keshi，日语，意思为"罂粟籽"。这
个词最早用来指代日本养殖珍珠过程中意外产生非常小的珍珠。
现在用来指在珍珠养殖过程中因为某些问题所产生的全珍珠质
珍珠，它们通常是巴洛克形的珍珠。从技术上来说，它们并不
是天然珍珠，但它们是全珍珠质且与天然珍珠几乎相同。南洋
吉树珠尺寸可以非常大，而日本吉树珠尺寸是非常小的。这两
种类型都越来越罕见，也越来越昂贵。

狮爪扇贝珍珠（Lion's Paw Scallop pearl）—— 一种罕见
的珍珠，与帘蛤珍珠一样，逐渐引起珠宝首饰界的注意。在强光下，
它们呈现出一种非常独特的表面光泽。它们形状各异，颜色范围
从白色到深紫色都有，色调通常为橙色、粉红色和李子色。

光泽（Luster）—— 一种使珍珠和其他宝石区分开来的独
特、内部发出的"辉光"。它是由光线在通过构成珍珠层的微
观晶体中发生折射和反射而产生的。薄涂层或仿制珍珠看上去
可能也呈现出表面的光泽，但它们无法吸收和折射光线，因此
它们缺乏良好光泽所具有的深度和反射特性。

马贝珍珠（Mabé pearl）——由企鹅珍珠贝产生，是一种
"组装"珍珠，通过填充水泡，然后贴回珍珠母而形成"珍珠"，
通常是半球形的，比较易碎。

珍珠蚌（Margaritifera）——淡水珍珠蚌用于生产淡水珍珠。珠母贝是一种海水产珠牡蛎，黑唇品种用于产生天然黑色南洋养殖珍珠。白唇和黄唇品种也用在养殖珍珠生产中。

慈悲珍珠（Mercy pearls）——天然黑色养殖珍珠经过雕刻后显露出彩色的宝石珠核。

毫米（Millimeter）——一种测量单位，用来确定珍珠的直径和整体大小。1毫米大约等于1/25英寸。

毛美（Momme）——日本珍珠重量单位。1毛美等于3.75克，或者18.75克拉。

珍珠质（Nacre）——通常是白色结晶物质，由软体动物围绕外来"入侵者"分泌而来，并形成珍珠（随着时间的推移而不断累积）。

核（Nucleus）——由人们嵌入产珠软体动物的"刺激物"，牡蛎围绕它分泌珍珠层，逐步形成珍珠。

晕彩（Orient）——在珍珠表面或表面下所呈现的闪耀彩虹色，由光线在珍珠层产生的微观晶体内相互作用而形成。

东方珍珠（Oriental pearl）——一种天然珍珠，这个词只能用于指代天然珍珠。

珍珠精液（Pearlessence）——用于制作仿制珍珠时进行涂层，通常是鱼鳞质和环氧树脂鳞状混合物。

花瓣珍珠（Petal pearls）——一种中国淡水养殖珍珠，形状像山茱萸的花瓣。珍珠大小从约11mm×10mm到

14mm×12mm，甚至更大。

珠母贝（Pinctada）——指一种产珠类牡蛎。通常简称为"P"。

合浦珠母贝（P. fucata）——又称马氏珠母贝，是一种用于生产日本和中国养殖珍珠的牡蛎。

珍珠蚌（P. margaritifera）——有着黑唇、白唇或者金唇的产珠牡蛎，可以产生颜色与唇色相近的珍珠。黑唇品种用于在法属波利尼西亚生产大溪地珍珠以及在库克群岛生产天然黑色养殖珍珠。

马氏珠母贝（P. martensii）——一种在日本和中国的产珠牡蛎，比大珠母贝要小一些，最大能够生产直径10mm以上的珍珠。

大珠母贝（P. maxima）——一种用于生产南洋养殖珍珠的大型牡蛎，包括产生澳大利亚银白色珍珠的"银唇"品种和可以生产黄色、金色珍珠的金唇（也被称为"黄唇"）品种。

企鹅珠母贝（Pteria penguin）——用于生产马贝珍珠的软体动物。

企鹅珍珠贝（Pteria sterna）——一种罕见的"彩虹唇"牡蛎，只在加利福尼亚湾出现。可以产生逼真的彩虹紫珍珠层和五颜六色的天然珍珠；现在常用于墨西哥珍珠养殖业。

子珠（Seed pearls）——非常小的珍珠，重量不到1/4谷，直径通常小于2mm。

贝珠（Shell pearls）——方解石（非贝壳）核形成的仿制珍珠，表面用珍珠精液涂层。

图片出处

感谢为本书提供图片的个人和组织：

t.l. & t.r.:The Royal Collection © Her Majesty Queen Elizabeth II.

Kunz and Stevenson,*The Book of the Pearl*,1908.

Kunz. r:Cultured Pearl Information Center.

Kunz.

Mikimoto U.S.A.

Sotheby's International.

Property of a European collector,photographed by Revesz Estate Buyers, Inc.

David A. Bernahl.

Broome Pearls Pty.,Ltd.,Australia. © US Abalone,Davenport,CA.

K. Scarratt, AIGS.

Andy Muller,Golay Buchel. r.:Yamakatsu Pearl Co.,Ltd.

Antoinette Matlins.

Yamakatsu Pearl Co.,Ltd.

Andy Muller,Golay Buchel. r:©Eve J. Alfillé,Ltd. （Photo:Russ & Mary Olsson.）

American Pearl Co.,Latendresse Family.

Henry Dunay. t.r.:Mikimoto U.S.A. b.l.:K. Scarratt, AIGS. b.r.:Yamakatsu Pearl Co., Ltd.

Latendresse Family.

©T. Ardai.

©Patti J. Geolat. b.r.:©T. Ardai.

Sasha Samuels.

Russell Trusso Fine Jewelry,Cleveland,Ohio.

Photos courtesy of the contributors. Photo of Benjamin Zucked used courtesy of Overlook Press.

©Christie's Images LTD.,2008.

t.l. & t.r.:Assael International. b.l.:Christianne Douglas for Coleman Douglas Pearls. b.r.:Alishan.

Stuller,Inc.

Paspaley Pearling. r.:Stuller,Inc.

Photo courtesty of Alishan. t.r. Gurhan. m.l. Whitney Boin.

Sarkis Sarkiz. b.r.:Ella Gafter for Ellagem,N.Y.

安托瓦内特·马特林斯
Antoinette Matlins

安托瓦内特·马特林斯是珠宝首饰领域拥有超多粉丝的作家。她的作品以 8 种语言出版，在 100 多个国家发行，被世界各地的消费者和珠宝领域行家广泛传阅。

安托瓦内特·马特林斯，职业珠宝鉴定师、英国宝石协会会员，是一位具有国际声誉的珠宝首饰专家，还是著名的作家与演讲者。曾获国际注册珠宝鉴定师协会最高奖项卓越奖。著作包括《钻石》《彩色宝石》《宝石鉴定》《珍珠》等。

作为一位专业的珠宝首饰消费倡导者，马特林斯获得了广泛认可。她发起了注册宝石学家协会在全美打击宝石投资电话诈骗的活动。她还是一位很受大众媒体欢迎的节目嘉宾，曾在 ABC（美国广播公司），CBS（美国哥伦比亚广播公司），NBC（美国全国广播公司），CNN（美国有线电视新闻网）这些媒体给消费者讲授关于珠宝首饰的知识及鉴别技巧。

珍珠

4th Edition
第四版

THE PEARL BOOK

［美］ 安托瓦内特·马特林斯 著　李雯　王琳 译

中国友谊出版公司

图书在版编目（CIP）数据

珍珠 / （美）安托瓦内特·马特林斯著 ；李雯，王琳译. —— 北京 ：中国友谊出版公司，2024.6

ISBN 978-7-5057-5873-5

Ⅰ．①珍… Ⅱ．①安… ②李… ③王… Ⅲ．①珍珠－基本知识 Ⅳ．①S966.23

中国国家版本馆CIP数据核字(2024)第078000号

著作权合同登记号 图字：01-2023-4361

The Pearl Book: The Definitive Buying Guide, 4th edition, 2008 by Antoinette Matlins

All published in English by GemStone Press, a division of LongHill Partners, Inc.,Woodstock, Vermont 05091 USA

www.gemstonepress.com

The simplified Chinese translation rights arranged through Rightol Media

本书中文简体版权经由锐拓传媒取得 Email:copyright@rightol.com

书名	珍珠
作者	[美] 安托瓦内特·马特林斯
译者	李雯 王琳
出版	中国友谊出版公司
发行	中国友谊出版公司
经销	新华书店
印刷	天津丰富彩艺印刷有限公司
规格	880毫米×1230毫米 32开
	12.25印张 254千字
版次	2024年6月第1版
印次	2024年6月第1次印刷
书号	ISBN 978-7-5057-5873-5
定价	98.00元
地址	北京市朝阳区西坝河南里17号楼
邮编	100028
电话	(010) 64678009

如发现图书质量问题，可联系调换。质量投诉电话：（010）59799930-601

出品人：许　永
出版统筹：林园林
责任编辑：许宗华
特邀编辑：吴福顺
　　　　　陈珮菱
封面设计：海　云
版式设计：万　雪
印制总监：蒋　波
发行总监：田峰峥

发　　行：北京创美汇品图书有限公司
发行热线：010-59799930
投稿信箱：cmsdbj@163.com